FRANCE IN 33 GLASSES

GLASSES

Sniff's Field Guide to French Wine

33杯尽品法国葡萄酒精髓

大师教你掌握产区风土、酿酒风格与品鉴技巧

[英] 马克·派格（Mark Pygott MW）著 [英] 迈克尔·欧尼尔（Michael O'Neill）绘 潘芸芝 译

华中科技大学出版社
http://www.hustp.com
中国·武汉

有书至美
BOOK & BEAUTY

目录 Contents

33杯法国葡萄酒产区地图

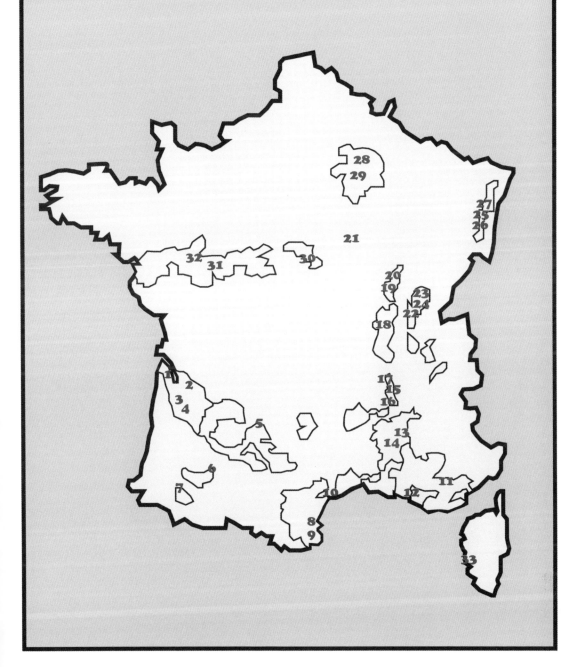

前言

　　迈克尔与我于 2014 年成立了博客"Sniff"，希望能让葡萄酒与美酒品饮更为平易近人。我们没有依循较传统的方式来介绍葡萄酒，而是创造了 Sniff 这位主人公，并通过插画与充满热情的指引说明，让更多人开始对葡萄酒产生兴趣。这是我们的第一部著作，由体贴细心的 Sniff 作为旅伴，陪同各位读者踏上精彩的法国葡萄酒之旅。

　　随着年纪渐长，我发现自己愈来愈难将我喜爱的葡萄酒书搬到客厅沙发以外的地方。这些既大又重的书籍虽然能让我在舒适的家中仔细浏览，出外旅行时却完全派不上用场。由于它们携带困难，每回我到不同的葡萄酒产区参访时，只得用影印或拍照的方式记录相关内容，并暗自希望，如果自己需要的所有信息都在同一本书里该有多好。

　　鉴于此，迈克尔和我一同打造了《33 杯尽品法国葡萄酒精髓》。这是一本容易携带的轻量级参考手册，走到哪儿都可以带着，其囊括了充足且容易理解、记忆的所有信息，这些信息告诉了读者每一个产区的酒款风格，以及其风味的主要成因。

　　我们希望能将法国葡萄酒的知识变简单，但绝非以屈尊俯就的态度来讲述，而是以简洁的方式整理出这些葡萄酒独特风味背后的成因。我们决定以 33 款酒带出法国葡萄酒的精髓，这当然不表示全法国只有这几款酒值得品饮，事实上这本书也可以叫作"333 杯尽品法国葡萄酒精髓"，但还是会有人争辩 3333 杯也无法完整地呈现法国葡萄酒的风貌，而他们很可能是对的。但如同我先前提及，我们希望这是一本容易携带且平易近人的作品，能让读者在旅途中随身携带，并记录下各种关于葡萄酒的心得和感想。总之，这是一本极为实用的手册。

　　我们诚挚地希望读者从这本书所获得的乐趣和我们在创作过程中获得的一样多。如果你因此而愿意品尝更多样化的酒款，无论是原本不愿意尝试或因不熟悉而不考虑尝试，我们才觉得自己的努力是值得的。

马克·派格

如何使用这本书

　　这本书的结构和我们预想的一样，非常简单明了。本书按产区介绍 33 杯葡萄酒，其酒庄位置均标示于第 5 页的法国地图中。每一幅产区图的末尾另列出一份酒庄清单，虽然不够全面，却是我们相信最能代表该产区的酒庄，就如同书中的每一杯葡萄酒。这 33 款酒并不是评选出的法国最佳的酒款（那是不可能的任务），我们纯粹是希望能通过这些酒款，展现法国葡萄酒可口、美味且多元的样貌。目前市场上应该可以买得到每一款相应年份的酒，但请不要过度执着于年份而忽略其他要素。我们之所以选择这 33 款酒的某个特定年份，是因为它能够展现出葡萄酒经历了较冷或较热的生长期后给杯中酒带来的影响。如果买不到书中所列的年份，不妨试试其他年份。发现不同年份的表现也各有不同，这无疑是葡萄酒另一个有趣之处。

　　由于全球市场酒价不一，我们很难列出一款酒真正精确的价格，不过由于法国使用欧元（€），所以我们以欧元表示各个酒款在法国当地的售价，似乎再合理不过。本书的价格区间表示如下：

（大约）零售价／1 瓶

€ = 10 欧元或以下

€€ = 20 欧元或以下

€€€ = 30 欧元或以下

€€€€ = 40 欧元或以下

€€€€€ = 50 欧元或以下

€€€€€ + = 50 欧元以上

读者可能会发现，谈到波尔多与勃艮第这类产区时，介绍的酒款价格似乎偏高。没错，过去10—15年来，波尔多与勃艮第的"一般"酒款质量已有显著的提升，但在这些知名产区里，最具代表性的酒款始终不便宜。最终，一款酒的"价值"还是要仰赖各位的嗅觉与味觉，而我们希望各位判断的标准和基础，是品饮时享受的程度，这才是最重要的。

我们不希望这本书充斥着大量的科学解释或错综复杂的农耕技巧，但还是需要指出酿酒人与葡萄种植者的决定如何影响杯中酒。因此，书中列出了简短扼要的"技术篇"，以让读者了解葡萄管理与引枝技术、有机或生物动力农耕法和酿酒人使用橡木桶的方式。

最后，本书还附上了记录品饮笔记的格式建议，上面列出了撰写品饮笔记时可能需要考虑的要点。

让我们举杯！请，请！（Tchin tchin!）

波尔多 Bordeaux

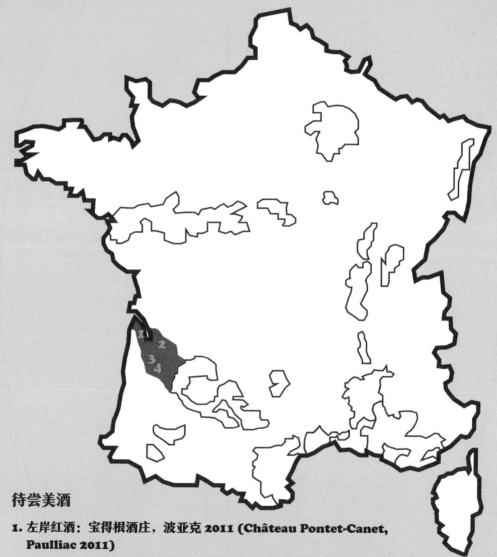

待尝美酒

1. 左岸红酒：宝得根酒庄，波亚克 2011 (Château Pontet-Canet, Paulliac 2011)

2. 右岸红酒：柏图斯拉富尔酒庄，波美侯 2012 (Château La Fleur Pétrus, Pomerol 2012)

3. 左岸白葡萄酒：诗密拉菲古堡酒庄，佩萨克–雷奥良 2014，(Château Smith Haut Lafitte, Pessac-Leognan 2014)

4. 甜酒：古岱酒庄，巴萨克 2014 (Château Coutet, Barsac 2014)

波尔多与当地酿造的顶级葡萄酒，堪称全球知名。

法国

法国西南部邻大西洋，受潮汐影响的加龙河（Garonne）从中间穿过，其在法国属于较平坦的农地。乍看之下，波尔多远不如长满芳香地中海灌木丛的野性朗格多克（Languedoc），或有梯田景观的北罗纳河（Rhône）那般引人注目或令人印象深刻，但这里却有着独特的风景与魅力。

吉伦特河口
（Gironde）

波尔多产区

波尔多（城）

与产区同名的波尔多城，景色可媲美明信片的圣爱美隆（Saint-Émeilion），以及梅多克（Médoc）令人印象深刻的庄严酒堡，特别是当你开着租来的车，缓缓驶进即将造访的第一家波尔多酒庄之时，都会让你燃起兴奋之情。

波尔多大教堂

事实上，法国葡萄酒业贡献给全世界两个最出色的礼物都产自此地：美乐（Merlot），和与之相较之下更"有棱有角"的赤霞珠（Cabernet Sauvignon）。两者在波尔多表现最优，展现的高雅口感鲜有地方能媲美。但波尔多到底为什么如此特别？这里的气候又如何影响酒款？产区土壤是否有特殊之处足以影响酒款质量？

要回答这些（或更多）问题，我们得先给自己倒上第一杯酒。

第1杯

左岸红酒: 宝得根酒庄, 波亚克 2011, €€€€€ +

为了要从这面积广大且质量不一的产区中选出一款极具代表性的酒,我决定落脚最有名的村庄,并从中挑出一支名酒作为代表。这款以 60% 的赤霞珠与 35% 的美乐酿成的红酒,堪称经典的波尔多混酿。波尔多顶级酒的投资热潮和市场需求始终不减,这些酒不但质量高,价格也不低,但要真正了解波尔多,还是得先从质量较佳的酒款开始品尝。2011 年是个价格较亲民的年份,也比风格浓郁奔放的年份(如 2010 年)更能代表波尔多。这是能即饮的年份,单宁非常细致,但展现耐心同样会获得回报,因这是一款能放上至少 10 年的酒,口感会变得相当高雅。

Sniff 的品饮笔记

香气甜美,带有黑莓、蓝莓以及如香水般的紫罗兰香气,个性鲜活。这款以果香和花香为主要基调的红酒,衬有可可、巧克力与香草香气,最后还有些许铅笔芯或湿石头的气味,带点神秘感,令人莞尔一笑。口感同样鲜活、新鲜且高雅,酸度佳,令人口颊生津。单宁非常细致,轻抚口腔,一点儿也不粗鲁。单宁是支撑优质波尔多红酒不可或缺的"骨架",并能为酒款增添质地,让酒款的风味一路持续发展至令人满足的绵长余韵。

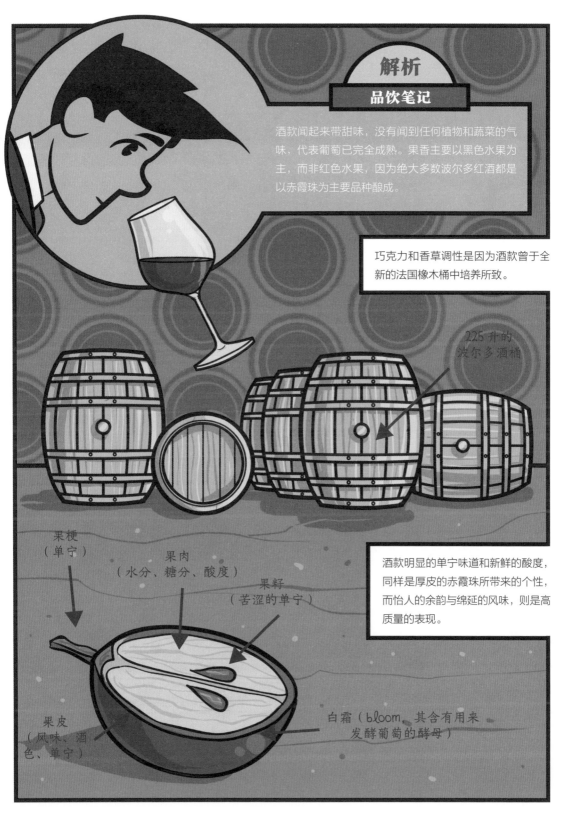

解析

品饮笔记

酒款闻起来带甜味，没有闻到任何植物和蔬菜的气味，代表葡萄已完全成熟。果香主要以黑色水果为主，而非红色水果，因为绝大多数波尔多红酒都是以赤霞珠为主要品种酿成。

巧克力和香草调性是因为酒款曾于全新的法国橡木桶中培养所致。

225 升的波尔多酒桶

果梗（单宁）

果肉（水分、糖分、酸度）

果籽（苦涩的单宁）

酒款明显的单宁味道和新鲜的酸度，同样是厚皮的赤霞珠所带来的个性，而怡人的余韵与绵延的风味，则是高质量的表现。

果皮（风味、酒色、单宁）

白霜（bloom，其含有用来发酵葡萄的酵母）

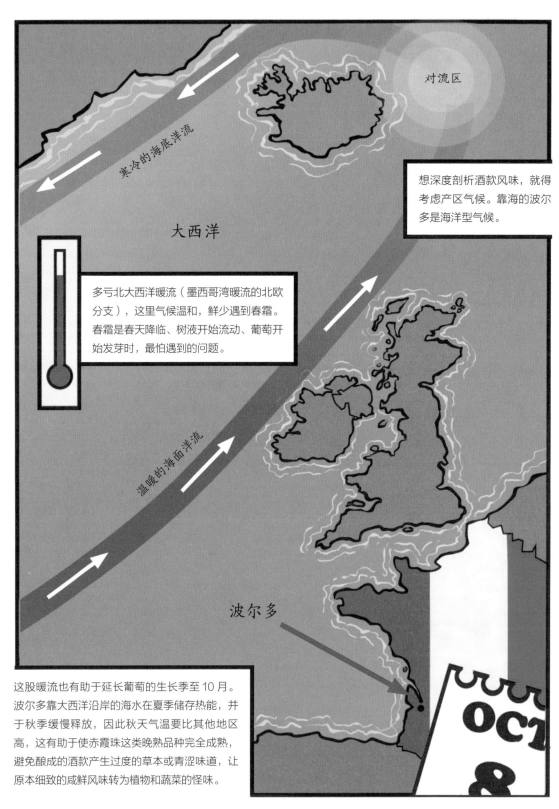

想深度剖析酒款风味，就得考虑产区气候。靠海的波尔多是海洋型气候。

对流区

寒冷的海底洋流

大西洋

多亏北大西洋暖流（墨西哥湾暖流的北欧分支），这里气候温和，鲜少遇到春霜。春霜是春天降临、树液开始流动、葡萄开始发芽时，最怕遇到的问题。

温暖的海面洋流

波尔多

这股暖流也有助于延长葡萄的生长季至10月。波尔多靠大西洋沿岸的海水在夏季储存热能，并于秋季缓慢释放，因此秋天气温要比其他地区高，这有助于使赤霞珠这类晚熟品种完全成熟，避免酿成的酒款产生过度的草本或青涩味道，让原本细致的咸鲜风味转为植物和蔬菜的怪味。

OCT 8

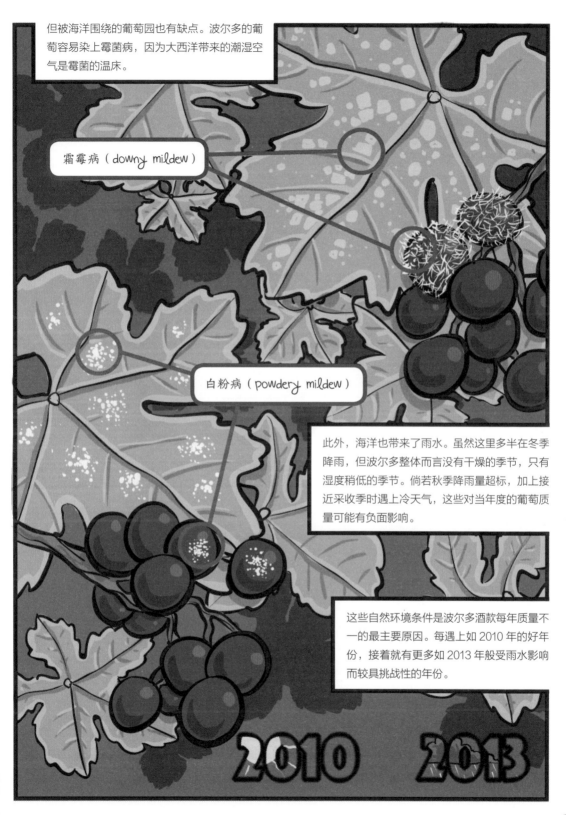

但被海洋围绕的葡萄园也有缺点。波尔多的葡萄容易染上霉菌病，因为大西洋带来的潮湿空气是霉菌的温床。

霜霉病（downy mildew）

白粉病（powdery mildew）

此外，海洋也带来了雨水。虽然这里多半在冬季降雨，但波尔多整体而言没有干燥的季节，只有湿度稍低的季节。倘若秋季降雨量超标，加上接近采收季时遇上冷天气，这些对当年度的葡萄质量可能有负面影响。

这些自然环境条件是波尔多酒款每年质量不一的最主要原因。每遇上如 2010 年的好年份，接着就有更多如 2013 年般受雨水影响而较具挑战性的年份。

2010　2013

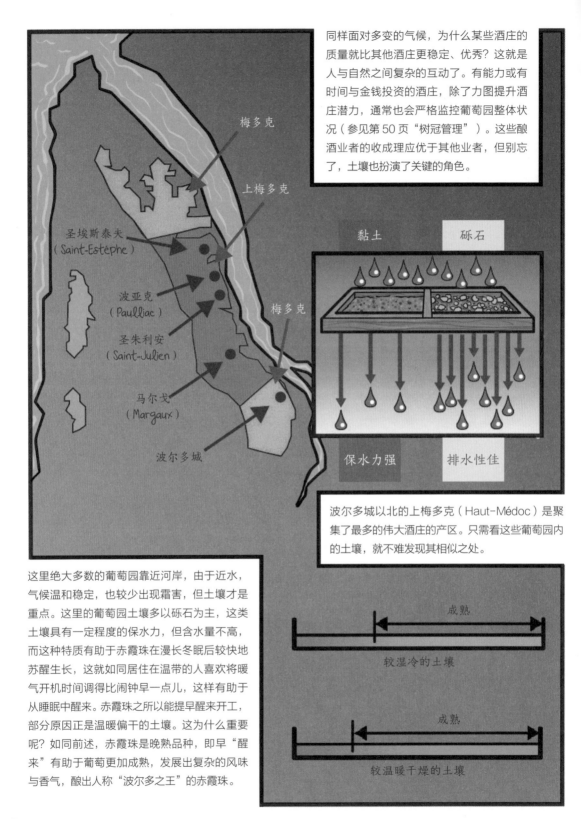

同样面对多变的气候，为什么某些酒庄的质量就比其他酒庄更稳定、优秀？这就是人与自然之间复杂的互动了。有能力或有时间与金钱投资的酒庄，除了力图提升酒庄潜力，通常也会严格监控葡萄园整体状况（参见第50页"树冠管理"）。这些酿酒业者的收成理应优于其他业者，但别忘了，土壤也扮演了关键的角色。

梅多克

上梅多克

圣埃斯泰夫
（Saint-Estéphe）

波亚克
（Paulliac）

圣朱利安
（Saint-Julien）

马尔戈
（Margaux）

波尔多城

梅多克

黏土　　砾石

保水力强　　排水性佳

波尔多城以北的上梅多克（Haut-Médoc）是聚集了最多的伟大酒庄的产区。只需看这些葡萄园内的土壤，就不难发现其相似之处。

这里绝大多数的葡萄园靠近河岸，由于近水，气候温和稳定，也较少出现霜害，但土壤才是重点。这里的葡萄园土壤多以砾石为主，这类土壤具有一定程度的保水力，但含水量不高，而这种特质有助于赤霞珠在漫长冬眠后较快地苏醒生长，这就如同居住在温带的人喜欢将暖气开机时间调得比闹钟早一点儿，这样有助于从睡眠中醒来。赤霞珠之所以能提早醒来开工，部分原因正是温暖偏干的土壤。这为什么重要呢？如同前述，赤霞珠是晚熟品种，即早"醒来"有助于葡萄更加成熟，发展出复杂的风味与香气，酿出人称"波尔多之王"的赤霞珠。

成熟

较湿冷的土壤

成熟

较温暖干燥的土壤

梅莱涅·泰斯龙
（Melanie Tesseron）

梅莱涅是宝得根（Château Pontet-Canet）酒庄的三位拥有者与经营者之一，泰斯龙家族的一员。她个性踏实亲切，且气质高雅，是自家酒款风格的缩影。在试图了解这款酒是怎么样的波尔多酒前，我们必须要先了解酒庄的背景。泰斯龙早在2004年便开始进行相关实验，是波尔多第一家施行生物动力法（Biodynamism）的列级酒庄*（参见第106页"有机"）。简而言之，生物动力法将葡萄园视为一个有机体，使用有机农法，但又多了点宇宙或超自然的特质。若说这听起来有点"新纪元"（New Age）也没错：只不过，有别于传统农耕，生物动力法似乎真的有助于提升酒款质量，许多酒庄皆是如此，在宝得根亦然。我们能否真的从杯中尝到生物动力的影响还有待考证，不过梅莱涅的叔叔阿尔弗雷德·泰斯龙（Alfred Tesseron）表示，施行生物动力法后，酒款要比过去更"容光焕发"了。

*注：列级酒庄（Classified Growth）全部为波尔多左岸名庄，是1855年根据各家名声和市场价格所制订的名单。虽然1855分级制度列出61家酒庄的方式略显粗略，但依旧不乏可信度。如今名单上绝大多数的酒庄的表现都较过去更为出色（也有少数几家更糟）。宝得根在名单上虽名列五级酒庄，今日表现却丝毫不输二级酒庄。

宝得根酒庄

这款酒最明显的特色来自有50%的酒液曾培养于全新的法国橡木桶中（参见第144页"木桶"），这与许多顶级波尔多红酒的做法如出一辙。新橡木桶，特别是产区流行使用的225升传统小橡木桶——能够增添酒款的风味与甜辛的香料气息，如香草、肉豆蔻、丁香和肉桂味道，也有助于柔化酒中大量的单宁，其原因是空气渗入木桶橡木条的细孔中与酒液相互作用，进行缓慢的微氧化。

空气进入
木桶

2012 年和 2011 年相同，都为酿酒师带来莫大的挑战，然而波美侯与其他依赖美乐品种的产区所受影响，通常要比以晚熟赤霞珠为主要品种的产区要小。9 月底和 10 月的降雨影响了当年度赤霞珠葡萄的质量。

拉富尔酒庄

波美侯

柏图斯拉富尔酒庄

圣爱美隆

柏图斯酒庄

如酒庄名称所示，柏图斯拉富尔酒庄正好位于柏图斯与拉富尔（Lafleur）两大名庄之间。该酒庄位于波美侯的"高原"上（参见第 24 页）。这里的"高原"是地质学和土壤学上的定义，而非任何法规，但此地区却是波美侯奢华个性最真实的体现。

那么，波美侯为什么如此受人追捧？除了产量有限，波美侯酒款细致丰腴的质地、柔软的口感，以及极可爱的个性，无疑也是让它大受欢迎的原因。但可别以为波美侯只适合有钱的葡萄酒初学者。

这里的酒不乏架构，酸度的"骨架"与浓郁的香气结合完美，令人心折。

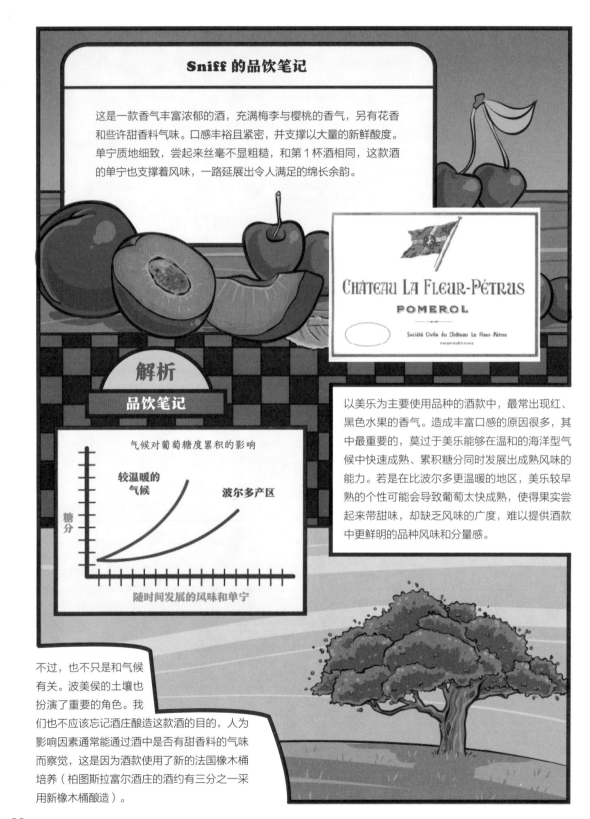

Sniff 的品饮笔记

这是一款香气丰富浓郁的酒，充满梅李与樱桃的香气，另有花香和些许甜香料气味。口感丰裕且紧密，并支撑以大量的新鲜酸度。单宁质地细致，尝起来丝毫不显粗糙，和第 1 杯酒相同，这款酒的单宁也支撑着风味，一路延展出令人满足的绵长余韵。

CHÂTEAU LA FLEUR-PÉTRUS

POMEROL

Société Civile du Château La Fleur-Pétrus
PROPRIÉTAIRE

解析

品饮笔记

气候对葡萄糖度累积的影响

较温暖的气候

波尔多产区

糖分

随时间发展的风味和单宁

以美乐为主要使用品种的酒款中，最常出现红、黑色水果的香气。造成丰富口感的原因很多，其中最重要的，莫过于美乐能够在温和的海洋型气候中快速成熟、累积糖分同时发展出成熟风味的能力。若是在比波尔多更温暖的地区，美乐较早熟的个性可能会导致葡萄太快成熟，使得果实尝起来带甜味，却缺乏风味的广度，难以提供酒款中更鲜明的品种风味和分量感。

不过，也不只是和气候有关。波美侯的土壤也扮演了重要的角色。我们也不应该忘记酒庄酿造这款酒的目的，人为影响因素通常能通过酒中是否有甜香料的气味而察觉，这是因为酒款使用了新的法国橡木桶培养（柏图斯拉富尔酒庄的酒约有三分之一采用新橡木桶酿造）。

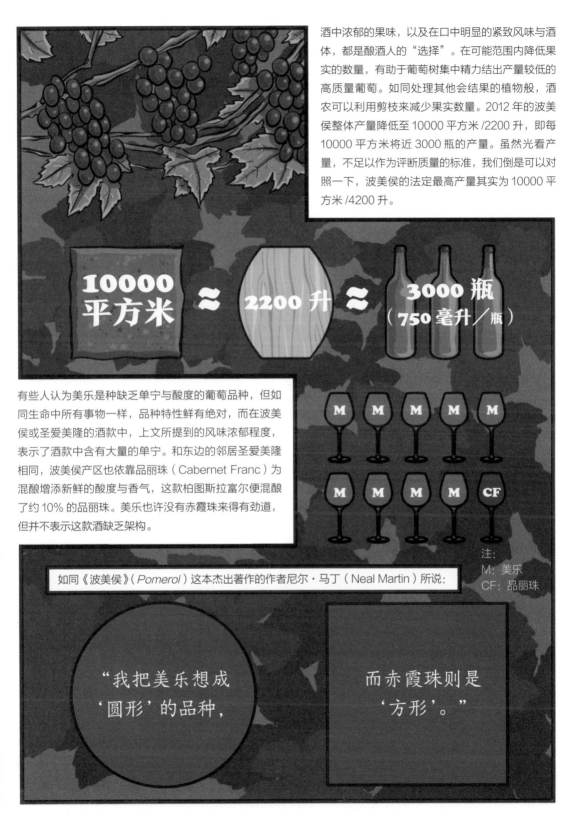

酒中浓郁的果味，以及在口中明显的紧致风味与酒体，都是酿酒人的"选择"。在可能范围内降低果实的数量，有助于葡萄树集中精力结出产量较低的高质量葡萄。如同处理其他会结果的植物般，酒农可以利用剪枝来减少果实数量。2012 年的波美侯整体产量降低至 10000 平方米 /2200 升，即每 10000 平方米将近 3000 瓶的产量。虽然光看产量，不足以作为评断质量的标准，我们倒是可以对照一下，波美侯的法定最高产量其实为 10000 平方米 /4200 升。

10000 平方米 ≈ 2200 升 ≈ 3000 瓶（750 毫升／瓶）

有些人认为美乐是种缺乏单宁与酸度的葡萄品种，但如同生命中所有事物一样，品种特性鲜有绝对，而在波美侯或圣爱美隆的酒款中，上文所提到的风味浓郁程度，表示了酒款中含有大量的单宁。和东边的邻居圣爱美隆相同，波美侯产区也依靠品丽珠（Cabernet Franc）为混酿增添新鲜的酸度与香气，这款柏图斯拉富尔便混酿了约 10% 的品丽珠。美乐也许没有赤霞珠来得有劲道，但并不表示这款酒缺乏架构。

M M M M M
M M M M CF

注:
M: 美乐
CF: 品丽珠

如同《波美侯》(Pomerol) 这本杰出著作的作者尼尔·马丁（Neal Martin）所说:

"我把美乐想成
'圆形' 的品种，

而赤霞珠则是
'方形'。"

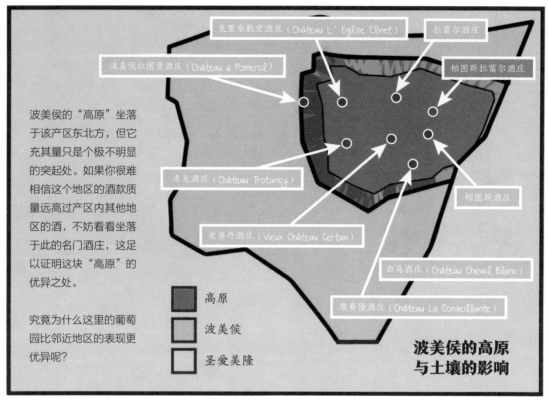

波美侯的"高原"坐落于该产区东北方，但它充其量只是个极不明显的突起处。如果你很难相信这个地区的酒款质量远高过产区内其他地区的酒，不妨看看坐落于此的名门酒庄，这足以证明这块"高原"的优异之处。

究竟为什么这里的葡萄园比邻近地区的表现更优异呢？

克里奈教堂酒庄（Château L' Eglise Clinet）
拉富尔酒庄
波美侯拉图堡酒庄（Château à Pomerol）
柏图斯拉富尔酒庄
卓龙酒庄（Château Trotanoy）
老赛丹酒庄（Vieux Château Certan）
柏图斯酒庄
白马酒庄（Château Cheval Blanc）
康赛隆酒庄（Château La Conseillante）

高原
波美侯
圣爱美隆

**波美侯的高原
与土壤的影响**

最显而易见的原因，就是我们在第 1 杯讨论过的砾石。许多人认为右岸就是黏土，事实上整个波尔多都是黏土土质，只是每个产区里黏土与地表的距离以及黏土种类有异。波美侯"高原"的表土层是排水性佳的砾石土壤，这和左岸许多表现最优异的葡萄园相同，但此处的黏土更接近表层，因此有助于美乐生长。不同于美乐能忍受将根浸在湿冷多水的黏土中，赤霞珠则需要在宛如羊驼毛般温暖的土壤里才会"开心"，即干燥而温暖的砾石土质。排水性佳且贫瘠的表土有助于抑制美乐的生长力（进而强化葡萄果味），黏土则能够提供葡萄所需的水分，缓解葡萄在夏季时需要面对的缺水压力。

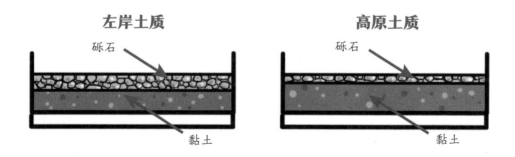

左岸土质　　砾石　　黏土　　高原土质　　砾石　　黏土

这么说可能有些简化了美乐在该产区的优势，以及当地优质酒款如此浓郁的成因，但我们希望这样解释有助于读者初步了解波美侯的美乐。你只需要回想一下，每一年在花园中（如果你够幸运有座花园的话）你最喜欢的灌木或花丛在哪里长得最好。和波美侯产区相同，不同的土壤、方位朝向等成因，都会影响植物的生长，无论多么辛勤地照顾，种在某一些角落的植物就是长不好。你的花园就像是波美侯的缩影，事实上这也是所有产区的缩影，土壤类型的细微变化、深度、肥沃程度等，对于植物的生长都有巨大的影响。可不是所有土壤都一样呢！

第3杯

左岸白葡萄酒: 诗密拉菲古堡酒庄, 佩萨克-雷奥良 2014, €€€€€ +

第3杯酒带着我们跨过多尔多涅河（Dordogne）与加龙河，从右岸再度回到波尔多左岸，并往南走一段，来到波尔多城近郊的佩萨克-雷奥良（Pessac-Leognan）产区偏北的副产区格拉芙（Graves），它正是得名于当地富含砾石的土壤。

由于靠近波尔多城，佩萨克北部地价昂贵，而且许多葡萄园都被都市扩张悄然吞噬。不过，对知道波尔多不只酿红酒的人而言，这些葡萄园孕育出的，可是酿造全法国顶级的一些白葡萄酒（还有红酒）的葡萄。

此地主要白葡萄品种是香气浓郁的长相思（Sauvignon Blanc）。不同于卢瓦尔河（The Loire）或新西兰马尔堡（Marlborough）偏冷的气候，这里的长相思由于更成熟，酒款香气较为内敛，草本香气也不如前述两个产区来得明显。赛芙蓉（Semillon）在这里负责为酒款带来近乎蜡一般的质地，当地也有酒庄习惯在混酿中添加多香的灰苏维农（Sauvignon Gris），以增加酒款香气的层次感。

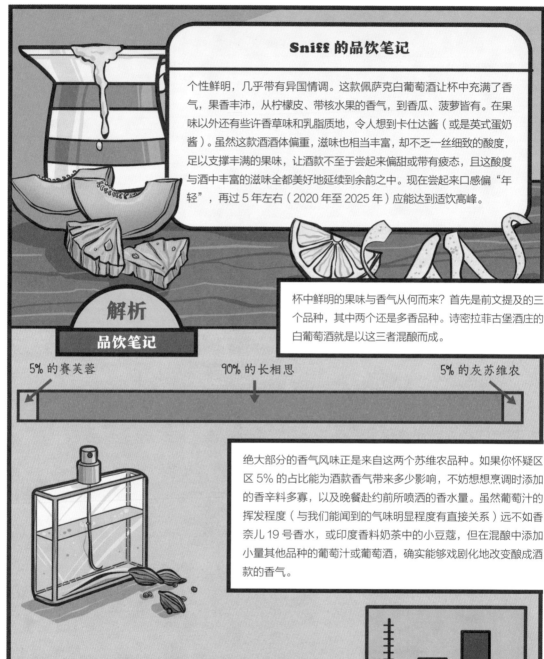

Sniff 的品饮笔记

个性鲜明，几乎带有异国情调。这款佩萨克白葡萄酒让杯中充满了香气，果香丰沛，从柠檬皮、带核水果的香气，到香瓜、菠萝皆有。在果味以外还有些许香草味和乳脂质地，令人想到卡仕达酱（或是英式蛋奶酱）。虽然这款酒酒体偏重，滋味也相当丰富，却不乏一丝细致的酸度，足以支撑丰满的果味，让酒款不至于尝起来偏甜或带有疲态，且这酸度与酒中丰富的滋味全都美好地延续到余韵之中。现在尝起来口感偏"年轻"，再过 5 年左右（2020 年至 2025 年）应能达到适饮高峰。

解析

品饮笔记

杯中鲜明的果味与香气从何而来？首先是前文提及的三个品种，其中两个还是多香品种。诗密拉菲古堡酒庄的白葡萄酒就是以这三者混酿而成。

| 5% 的赛芙蓉 | 90% 的长相思 | 5% 的灰苏维农 |

绝大部分的香气风味正是来自这两个苏维农品种。如果你怀疑区区 5% 的占比能为酒款香气带来多少影响，不妨想想想烹调时添加的香辛料多寡，以及晚餐赴约前所喷洒的香水量。虽然葡萄汁的挥发程度（与我们能闻到的气味明显程度有直接关系）远不如香奈儿 19 号香水，或印度香料奶茶中的小豆蔻，但在混酿中添加小量其他品种的葡萄汁或葡萄酒，确实能够戏剧化地改变酿成酒款的香气。

如果你纳闷，为什么葡萄酒鲜有闻起来有葡萄味，那是因为葡萄汁已经过发酵，而这个过程会释放果汁中原本被锁住的香气分子。相较于红酒，白葡萄酒通常会以较低的温度发酵，这是因为酿造红酒时需要更高温以助萃取葡萄皮中的颜色和单宁。低温发酵比较能保留住刚才提及的香气分子，使得白葡萄酒通常比许多红酒更加芳香。

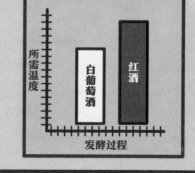

酒中的卡仕达与奶油气息，源自酒款有一部分以新的法国橡木桶来培养（该酒庄通常使用约 50% 的新桶），而乳脂的特性则来自搅桶，以及混酿中使用了赛芙蓉品种。成熟的赛芙蓉通常具有类似蜡一般近乎黏稠的质地。

50%

酵母渣?

简单地说，酵母渣（lees）是死酵母细胞形成的沉淀物的统称。以这款酒而言，酵母渣会沉淀在木桶中或任何用于发酵或培养的容器底部。当酵母死去细胞分解时，会释出多种物质融入酒中，包括能够增加酒款分量并赋予其圆润（或乳脂）口感的多糖。

多糖

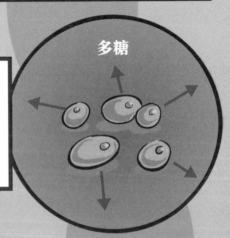

酵母渣会沉淀在木桶底部

由于酵母渣会吸收氧气，如果对培养中的年轻酒款实行定时搅桶，让酵母渣维持悬浮的状态，有助于降低酒款氧化的程度。遭氧化的酒款会逐渐失去果味，酒色也会变得更深更浓。氧气对于年轻酒款产生负面影响的程度与速度，就如吃到一半的苹果迅速发黑一般，氧化范围大，速度就快。

搅桶让酵母渣维持在悬浮的状态

任何关于酒款适饮期的叙述，多少都是猜测而来。不过，酒款在口中的架构（果味浓郁程度、酸度，以及余韵长短）就算不作为评断酒款质量的标准，也可以作为判断适饮期的指标。

第4杯

甜酒：古岱酒庄，巴萨克 2014, €€€€€

人类嗜甜的天性大概从进化之初便已存在。

从我们的生理构造深知，富含大量糖分的食物能为身体带来能量，从而满足身体对于糖分的渴望，这正是可口可乐等跨国品牌成功的原因。

然而，观察当今的消费者世代（即婴儿潮、X世代与千禧世代消费者）所饮用的葡萄酒类型，不难发现我们对于含糖类饮品的欲望似乎远不如前。

如今酿造的葡萄酒多为干型酒（我很宽松地将干型酒定义为尝起来不具有明显甜味的酒款），这与全球消费者的喜好有关。所幸在如今一片缺糖的荒漠中，还有少数产区酿有甜型酒，这足以满足我们这些在乎甜酒的饮用者。如果你纳闷为什么在乎甜酒，让我告诉你吧：最好的甜酒能为饮用者带来的享受，远高于它们通常过于谦逊的价位，而且品尝甜酒时，只需极少量就能充分体验到它们丰裕油滑的美妙质地。在全球酿造甜酒的产区中，苏玳（Sauternes）与巴萨克（Barsac）的葡萄园可能是最有名的——抱歉了，托卡伊（Tokaji）。我们接下来要讨论的，就是这些葡萄园产出的甜酒。

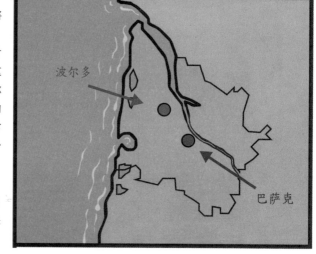

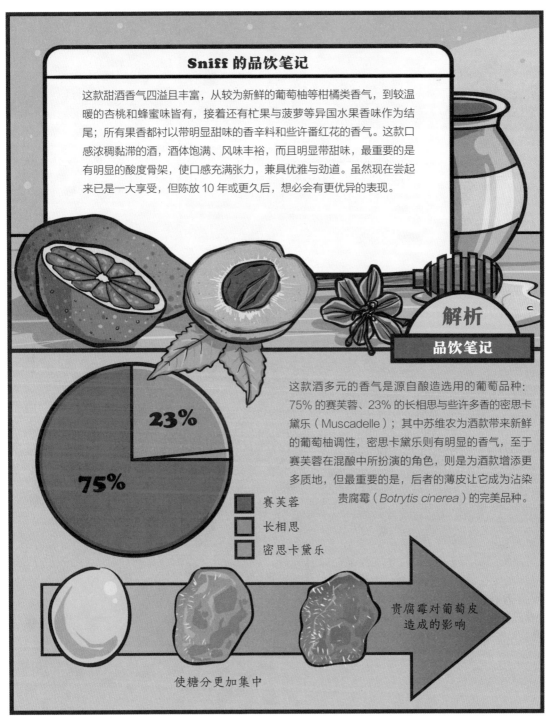

Sniff 的品饮笔记

这款甜酒香气四溢且丰富，从较为新鲜的葡萄柚等柑橘类香气，到较温暖的杏桃和蜂蜜味皆有，接着还有杧果与菠萝等异国水果香味作为结尾；所有果香都衬以带明显甜味的香辛料和些许番红花的香气。这款口感浓稠黏滞的酒，酒体饱满、风味丰裕，而且明显带甜味，最重要的是有明显的酸度骨架，使口感充满张力，兼具优雅与劲道。虽然现在尝起来已是一大享受，但陈放 10 年或更久后，想必会有更优异的表现。

解析
品饮笔记

这款酒多元的香气是源自酿造选用的葡萄品种：75% 的赛芙蓉、23% 的长相思与些许多香的密思卡黛乐（Muscadelle）；其中苏维农为酒款带来新鲜的葡萄柚调性，密思卡黛乐则有明显的香气，至于赛芙蓉在混酿中所扮演的角色，则是为酒款增添更多质地，但最重要的是，后者的薄皮让它成为沾染贵腐霉（Botrytis cinerea）的完美品种。

23%

75%

- 赛芙蓉
- 长相思
- 密思卡黛乐

贵腐霉对葡萄皮造成的影响

使糖分更加集中

那些带有蜂蜜味的杏桃、热带水果香与番红花香气，全是贵腐甜酒的特性，就如同酒款浓香的甜味与浓稠黏滞的质地一样明显。葡萄一旦遭受贵腐霉攻击，霉菌便会穿透葡萄皮，消耗葡萄内的糖分，缓慢地让每一粒果实脱水。虽然霉菌会消耗果实内的糖分，葡萄的蒸发速度却更快，导致酒中的糖分最终尝起来还是会更加浓郁。

要酿成伟大的甜酒，采收工需要在葡萄园内多次来回巡视采收（法文称为"trier"），这是因为霉菌的发展鲜少同步（试想冰箱里的发霉奶酪，是不是一处发霉，另一处却似乎完好无缺），酿酒者在葡萄园中来回巡视的次数愈多，愈有机会采收到染上大量贵腐霉的果实，酿成的酒也因此会有更浓郁的贵腐霉调性。

2014 年，古岱酒庄的采收团队在葡萄园中来回巡视采收了 7 次之多，整个采收期长达 6 周——从 9 月最后一周到 11 月的第一周。我们在口中所感受到的浓稠黏滞质地，正是来自霉菌集中了葡萄风味与糖分的成果。至于明显且细致的酸度，则较有可能是来自健康高酸的长相思葡萄，这酸度能够与沾染上贵腐霉的葡萄产生的浓郁甜度形成平衡；不过，和酒体更为饱满的邻近产区苏玳甜酒相比，巴萨克产区的酒酸度通常较高。这款酒和前三杯波尔多酒相同，都有明显的香辛料调性，因为它们都曾于法国橡木桶中培养。酒庄将这款甜酒的全新的法国橡木桶使用率提高到 50%，培养了 18 个月才装瓶。

古岱酒庄

最后，我在杯中发现的番红花香气，同样也是来自贵腐霉的影响。贵腐霉与其所"食用"的葡萄汁之间的作用相当复杂，而贵腐酒的香气更与一般酒款截然不同，它们偶有土壤香气，偶有草本香，又有一些会带着药味，但不管如何，有贵腐霉的酒款向来魅力十足且令人感到愉悦。

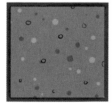

不过，葡萄最初是怎么染上贵腐霉的，又为什么是巴萨克与苏玳，而非波亚克或波美侯？这就与两条河流的汇流点有很大的关系了。

锡龙河与加龙河

除非在纬度极高的地区度过夏季，否则你不太可能有机会在这几个影子短得跟欧帕·伦普斯小矮人一样的月份中，看到自己呼出的气体化成一缕白烟。好吧，如果没看过罗尔德·达尔的儿童文学作品《巧克力冒险工厂》（*Charlie and the Chocolate Factory*），你可能不知道我在说什么。

通常要等到一个地区的温度开始下降，你才会有机会看到自己的影子变长。

巴萨克

加龙河

锡龙河（Ciron）

为什么要提到这个呢？你每次呼出来的一缕白烟，都是温暖潮湿的气体遇到秋天干冷的空气凝结而成，有点儿像这两条河流影响当地中期气候（mesoclimate）的情况。

巴萨克与苏玳产区傍晚形成的雾气会持续整晚，导致葡萄园湿气变重，有利于贵腐霉的滋生。

所幸到了早晨，阳光又会将雾气"驱散"，理想地控制霉菌的生长情况。

如此一来，葡萄受感染的速度会因此减慢，不至于破皮（破皮会更容易引来其他对葡萄带来负面质量影响的霉菌侵袭），却会缓慢地缩水、干燥，进而使糖分集中，形成酿造贵腐霉甜酒的完美果粒。

波尔多推荐酒单

以下是一些质量优异的波尔多酒款。由于波尔多产区面积广大，难以列出极为详尽的清单，因此我自私地选择了一些我最爱的佳酿。你可能会发现这份清单中没有 1855 年分级制度中的一级酒庄，也不见圣爱美隆的一级特等酒庄 A（Premier Grand Cru Classé A）。这是因为以下酒款大多是或至少以波尔多的标准而酿制，且较为物超所值的品项，而且如果你预算足够，也可以尝试更多酒款。

第 1 杯：左岸红酒

1. 玫瑰酒庄，玫瑰夫人，圣埃斯泰夫（Château Montrose, Dame de Montrose, St.Estèphe）€€€€€
2. 凯龙世家酒庄，圣埃斯泰夫（Château Calon Ségur, St. Estephe）€€€€€ +
3. 碧尚女爵堡，波亚克（Château Pichon-Lalande Comtesse de Lalande, Pauillac）€€€€€ +
4. 忘忧酒庄，慕里斯梅多克（Château Chasse-Spleen, Moulis en Médoc）€€€€
5. 迪仙酒庄，玛歌（Château d'Issan, Margaux）€€€€€
6. 鲁臣世家酒庄，玛歌（Château Rauzan-Ségla, Margaux）€€€€€ +
7. 班尼庄园，圣朱利安（Château Branaire-Ducru, St-Julien）€€€€€ +
8. 波菲酒庄，圣朱利安（Château Léoville-Poyferré, St-Julien）€€€€€ +
9. 高柏丽酒庄，佩萨克-雷奥良（Château Haut-Bailly, Pessac-Léognan）€€€€€ +
10. 布朗酒庄，佩萨克-雷奥良（Château Brown, Pessac-Léognan）€€€€€

第 2 杯：右岸红酒

1. 飞卓酒庄，圣爱美隆（Château Figeac, St-Emilion）€€€€€ +
2. 大梅诺酒庄，圣爱美隆（Château Grand-Mayne, St-Emilion）€€€€€ +
3. 卡农酒庄，圣爱美隆（Château Canon, St-Emilion）€€€€€ +
4. 老赛丹酒庄，波美侯（Vieux-Château-Certan, Pomerol）€€€€€ +
5. 十字-圣乔治酒庄，波美侯（Château La Croix-St-Georges, Pomerol）€€€€
6. 玛蒂那酒庄，博格丘（Château Martinat, Côtes de Bourg）€€
7. 洛克康酒庄，博格丘（Château Roc de Cambes, Côtes de Bourg）€€€€
8. 露仙-德斯帕涅，波尔多（Château Rauzan-Despagne, Bordeaux）€€
9. 普艾诺，卡斯蒂隆波尔多丘（Clos Puy Arnaud, Castillon Côtes de Bordeaux）€€

第 3 杯：左岸白葡萄酒

1. 骑士庄园，佩萨克-雷奥良（Domaine de Chevalier, Pessac-Léognan）€€€€€ +
2. 富佐酒庄，佩萨克-雷奥良（Château de Fieuzal, Pessac-Léognan）€€€€
3. 拉图-玛蒂亚克，佩萨克-雷奥良（Château Latour-Martillac, Pessac-Léognan）€€€€
4. 拉里·奥比昂酒庄，佩萨克-雷奥良（Château Larrivet-Haut-Brion, Pessac-Léognan）€€€€€ +
5. 朗露酒庄，佩萨克-雷奥良（Château La Louvière, Pessac-Léognan）€€€€
6. 马拉帝酒庄，佩萨克-雷奥良（Château Malartic-Lagravière, Pessac-Léognan）€€€€€ +
7. 图米隆酒庄，格拉夫（Château Toumilon, Graves）€€

第 4 杯：甜酒

1. 可丽门兹堡，巴萨克（Château Climens, Barsac）€€€€€ +
2. 奥派瑞酒庄，苏玳（Château Clos Haut-Peyraguey, Sauternes）€€€€€
3. 多西戴恩酒庄，巴萨克（Château Doisy-Daëne, Barsac）€€€€€ +
4. 芝路酒庄，苏玳（Château Guiraud, Sauternes）€€€€€ +
5. 丽丝酒庄，苏玳（Château Rieussec, Sauternes）€€€€€ +
6. 拉佛派瑞古堡酒庄，苏玳（Château Lafaurie-Peyraguey, Sauternes）€€€€€ +
7. 山峰酒庄，圣十字山（皮埃尔特酿）[Château du Mont, Ste-Croix-du-Mont (Cuvée Pierre)] €€

西南法 Southwest France

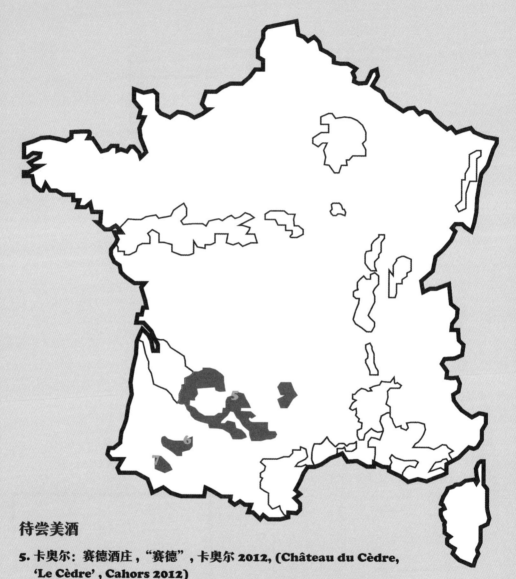

待尝美酒

5. 卡奥尔：赛德酒庄，"赛德"，卡奥尔 2012, (Château du Cèdre, 'Le Cèdre', Cahors 2012)

6. 马蒂兰：蒙图酒庄，"至尊"，马蒂兰 2014, (Château Montus, 'Prestige', Madiran 2014)

7. 朱朗松甜酒：夏尔-吴尔，玉汝拉酒庄，半甜型，朱朗松 2014, (Charles Hours, Uroulat, Moelleux, Jurançon 2014)

西南法产区就像是拥有名流父母的孩子一般，它长年被笼罩在北边邻居的阴影之下，力求摆脱波尔多的影响，在葡萄酒舞台上争取一席之地。

可想而知，波尔多的许多品种也都种植于这片由多尔多涅河为中心，呈扇形散开的产区。这条河是流经这片如明信片般美丽产区的主要河流之一。

卡奥尔的瓦朗特尔桥

不过，我们接下来要讨论的，并不是那些主要种植于波美侯、波亚克、佩萨克—雷奥良或苏玳产区的品种，而是源自西南法的当地品种，且是最能够代表这片美丽乡间景致的原生品种。

我们首先从当地最知名的品种，以及最有可能是其出生地的产区开始：马尔贝克（Malbec）和卡奥尔（Cahors）。

波尔多

卡奥尔

第 5 杯

卡奥尔：赛德酒庄，"赛德"，
卡奥尔 2012, €€€

赛德酒庄

在西南法被称为"Cot"的马尔贝克葡萄，如今由于在阿根廷门多萨（Mendoza）产区表现优异而声名大噪，在葡萄酒版图中占有愈渐重要的地位。当地温暖的气候与大量的日照时数，让马尔贝克化身成带有丰富果香且极亲民的品种，酿成的酒款质地如丝，能为偏好精炼纯净酒款的消费者带来美好的享受。

卡奥尔

相较之下，卡奥尔的马尔贝克则是个性迥异的"猛兽"，虽然该品种特有的深色莓果滋味与紫罗兰花香，在赤道另一端表现最优异的酒款之中同样见得到，但被流经当地洛特（Lot）河一分为二的卡奥尔产区产出的马尔贝克，没有门多萨马尔贝克那样柔顺如丝的质地，倒是多了些浓郁厚重的味道，让卡奥尔的酒款明显不如门多萨来得讨喜。然而假以时日，年轻卡奥尔那股难以驯服的天性终会柔化成为令人满足的美酒，展现出兼具魅力与雄性劲道的特性。

Sniff 的品饮笔记

酒色几乎深不透光，香气同样是浓郁的果香，充满黑色与蓝色果味，如意大利李子（酸李）、黑刺李与黑莓的香气，衬以果香的另有些许叶香和带点咸鲜风味的香气，以及口中同样可以感受得到的紫罗兰花香。这款酒尝起来带有甜香料与巧克力的滋味，酸味清爽，单宁充满劲道但不过度，酒体饱满且分量十足，黑色果香更缭绕于口中久久不散。因为其滋味丰富，这款酒很有陈年潜力，有耐心等到 2020 年以后的饮用者有福了。

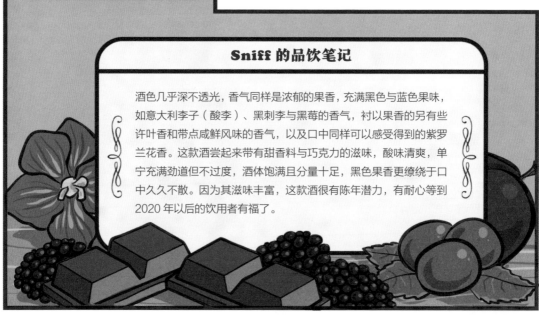

葡萄酒的颜色常容易误导人，比如你觉得深沉的酒色等同于大量萃取且风味浓郁的个性。不过，这款酒确实是风味既浓郁、萃取又浓重的作品，这是因为赛德酒庄偏好发酵后长时间浸渍，酿成酒款自然如杯中这般色深浓郁。

解析

品饮笔记

但酒色与萃取或风味有什么关系呢？这么说吧，酒精发酵结束后（绝大多数的酒精发酵通常历时 1 至 2 周），留在酒中的葡萄皮就像是强大的溶剂一般，比葡萄汁本身更能带出颜色、风味与单宁。酒中的深色果香以及带有香气的紫罗兰调性都足以证明，这是由成熟良好的高质量马尔贝克葡萄所酿成。我们之前提过，葡萄成熟与否与许多因素有关。

2012 年的西南法，春季较冷，开花不良，导致产量降低，但夏季与秋季温暖，以致葡萄树在生长季期间将所有精力集中于量少的几串葡萄之上；加上酿酒人延长发酵后的浸渍时间，加强集中酒款风味，终酿成这款带有深色莓果调性的酒。

此外，地理也是影响酒款风格的因素之一。从波尔多南端位于阿卡雄市（Arcachon）的比拉沙丘（Dune of Pilat）步行出发到卡奥尔的时间，几乎等同于地中海岸阿格德城（Agde）到卡奥尔的时间。

这表示该产区因位于中间地带而容易受到两洋的影响。这款酒之所以带有叶香与些许咸鲜风味的调性，有一部分是因为受到寒冷的大西洋的影响；而温暖的地中海则有助于酒款发展出深色果味的调性。至于发酵后的延长浸渍，为酒款明显的单宁架构打下了基底，而酒中的巧克力与香辛料气息，则是因为酒款曾于 80% 的全新的法国橡木桶中培养了 2 年的时间。

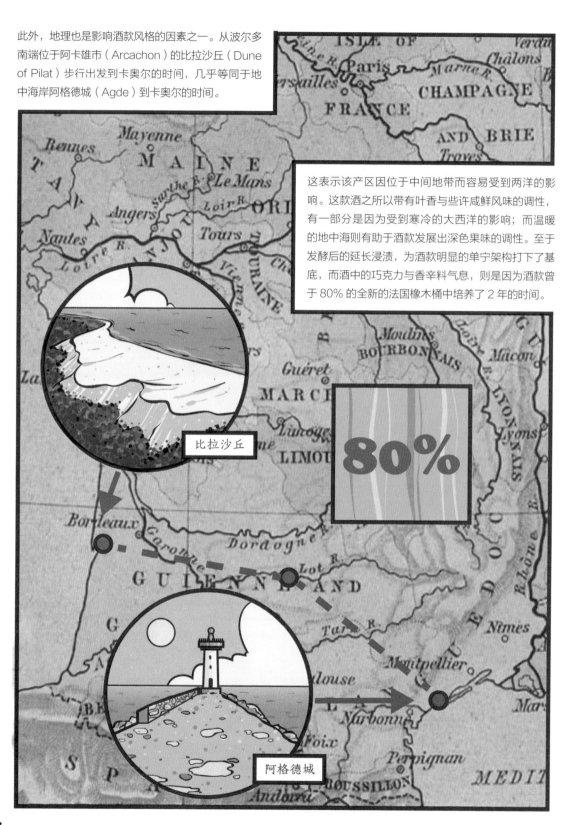

比拉沙丘

80%

阿格德城

第6杯

马蒂兰：蒙图酒庄，"至尊"，马蒂兰 2014，€€€€

离开卡奥尔往南品尝下一杯酒的路上，会经过加斯科涅（Gascony）地区的心脏地带。这里的葡萄酒名声向来不响亮，却是法国"另一个"伟大白兰地——雅马邑（Armagnac）的家乡。名声不响亮有一部分的原因是当地许多原生品种被认为过于野性而难以驯服，无法获得"国际"饮用者娇惯的味蕾的青睐。

丹娜（Tannat）这类品种的单宁通常量多而厚重，所以酒款年轻时果味常会彻底被单宁覆盖（即便是很好的酒），品尝时几乎寻不着果香，然而涩口的单宁会随着时间推移而逐渐柔化，虽然依旧量大，但果味却会逐渐增加而得以浮出台面。这类酒款通常要佐餐才会展现出最美好的一面，特别是与当地肥美的鸭胸这类料理搭配时，它们是非常可口且适宜的佐餐酒。

通常我不太愿意将某家酿酒业者冠以该产区的"教父"的称号，但曾被安德鲁·杰福德（Andrew Jefford）形容为马蒂兰（Madiran）"产区明灯"的阿兰·布鲁蒙（Alain Brumont）却是例外。天生反骨的布鲁蒙在当地也许不是最受欢迎的人物，他的酒却肯定是让马蒂兰登上世界葡萄酒版图的功臣。他的成功更鼓舞了该产区其他业者纷纷酿出质量出色的酒款。

Sniff 的品饮笔记

酒色深浓。虽然年轻,香气却略显闭锁,仅有一丝深色莓果和烟熏的调性。入口后立刻察觉的,要属其明显的架构。这款酒单宁量大,虽然颇为涩口,但质地紧密且成熟,丝毫不显苦涩。酸度爽脆,令人口颊生津。酒款带有新鲜感,也让酒体尝起来较原本以为的轻盈些。其风味展现出浓郁的成熟果香以及如甘草般的香料气息。这款酒目前略显封闭,口中不同的风味需要时间交织融合,终能展现其个性,但其风味浓郁且集中,余韵悠长且持续,暗示了它优良的陈年潜力,预计未来 15 年之间,风味会继续发展,约在 2030 年达到适饮高峰。

解析

品饮笔记

作为葡萄品种,丹娜果粒较小,因此果肉与果皮的比例偏高,而由于绝大多数的葡萄酒色来自果皮,也难怪这款丹娜红酒的酒色深浓。

■ 香气程度

马尔贝克与赤霞珠

丹娜

有些品种向来要比其他品种更香,而丹娜本来就没有马尔贝克或赤霞珠来得香,加上这杯红酒年纪尚轻,更显得沉默寡言、个性内敛。随着时间增加,酒与氧气作用之后,酒款会缓慢地释出多种不同的香气,希望这终究能为这款酒增添几分复杂度。

酒中明显的烟熏调性最有可能是在木桶中培养的结果。这款酒于全新的法国橡木桶中培养了 14 至 16 个月,这些桶经过烘烤(木桶供货商在制作时会烘烤木桶,程度多寡则多半视客户的偏好而定),有时会导致酒款出现烟熏调性(更深入的解说请参见第 144 页的"木桶"),然而我们不能因此断言,烟熏调性绝对是在烘烤过的木桶中培养的结果。

继续品尝法国其他产区的酒款后,我们将会逐渐发现,有一些酒款即便在木桶中培养的时间不多,或甚至不曾于木桶中培养,却依旧带有烟熏调性。事实上,有一些品种和土壤也会让酒款展现出类似特质,北罗纳河的西拉(Syrah)葡萄就是一个很明显的例子。

让酒款尝起来比想象中有更新鲜的明显酸度，既来自品种，也与气候有关。和我们在第 3 杯时讨论到的长相思相同，丹娜也是一个天生高酸度的品种。只需比较吃青苹果与红苹果时口水分泌的不同感觉，或是想象橙子与葡萄柚两者不同的酸感，就会知道我所形容那股爽脆的酸感为何物。不同水果会有不同的酸度，正如不同的葡萄品种也会有程度不同的酸度。

大西洋

但这款酒的酸不只来自丹娜本身，产区的地理位置也是原因之一。马蒂兰虽然位于法国南部，但这个偏西边的产区受到温和潮湿大西洋影响的程度，远胜于温暖干燥的大陆型气候，或东南边的地中海气候。这里的冷气候有助于葡萄在生长季时保留酸度，不像种在较热气候下的葡萄，往往因糖分累积过快而牺牲了新鲜度。

我们在品饮笔记中最后提到，这款酒有继续窖藏 10 年或更久的潜力。这是因为我们发现这款酒架构优良，不但有大量的单宁（单宁本身即有抗氧化的功效）与充分的酸度，更不乏充分深沉的果香。

不妨将酒款想象成一把三脚椅凳，特别是红酒。

若果味、单宁与酸度能够衬托且支撑彼此，如图示凳子的三只椅脚，既等长且等量，让人能够舒服地坐着，那么我们就能说这是一款平衡的酒。

如果大量的单宁与明显的酸度没有充分的果味支撑，那么这只椅凳自然会摇晃不稳，如同酒款尝起来有不平衡的感觉一般。

正如同产区名称比利牛斯—大西洋省（Pyrenees-Atlantiques）所示，这里的气候同时受到比利牛斯山与大西洋的影响。不过当地的降雨量倒是和波尔多有些类似，可能是因为两地都深受大西洋的影响。

这款甜酒被形容为"Moelleux"（法语意为"醇厚"）。这词在法文中并没有任何法定甜度意义，纯粹是形容酒款丰裕的程度与质地，尝起来宛如骨髓（marrow）般绵密。试过将小牛肉胫骨肥美诱人的骨髓抹在吐司上享用的人，不难想象这两者的相似之处，以及 Moelleux 酒款丰裕且均衡的质地和魅力。

但和人一样，有些酒款虽然丰裕肥美，却能展现出沉着高雅甚至是轻快的特性；也有一些酒酒体同样肥硕，却显得极不均衡而笨重，宛如亟须接受胃束带手术一般。所幸，我们要品尝的第 7 杯酒是前者。

Sniff 的品饮笔记

品尝这杯甜美浓郁的酒款，第一个想到的形容词莫过于"成熟"，是的，它成熟而温暖。这款酒充满杧果、杏桃、葡萄柚与卡仕达酱，另有些许蜂蜜调性，但口中又有足以支撑这多种风味的怡人酸度，确保酒款即便肥美可口，但仍旧沉着镇定。酒体中等，果味浓郁，尝起来虽然不特别复杂，但这"感性的"酒款余韵极长，即便最后一滴已吞入喉，滋味依旧会在口中缭绕许久。

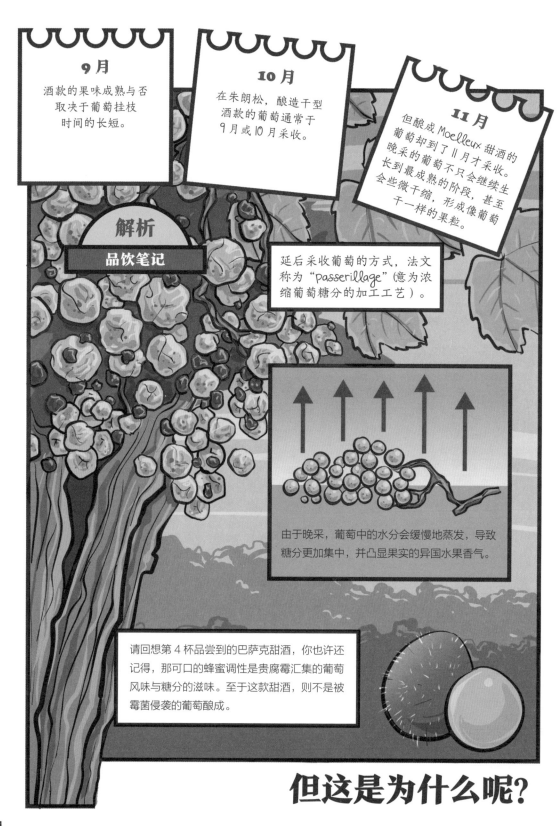

9月

酒款的果味成熟与否取决于葡萄挂枝时间的长短。

10月

在朱朗松，酿造干型酒款的葡萄通常于9月或10月采收。

11月

但酿成 Moelleux 甜酒的葡萄却到了11月才采收。晚采的葡萄不只会继续生长到最成熟的阶段，甚至会些微干缩，形成像葡萄干一样的果粒。

解析

品饮笔记

延后采收葡萄的方式，法文称为"passerillage"（意为浓缩葡萄糖分的加工工艺）。

由于晚采，葡萄中的水分会缓慢地蒸发，导致糖分更加集中，并凸显果实的异国水果香气。

请回想第 4 杯品尝到的巴萨克甜酒，你也许还记得，那可口的蜂蜜调性是贵腐霉汇集的葡萄风味与糖分的滋味。至于这款甜酒，则不是被霉菌侵袭的葡萄酿成。

但这是为什么呢?

因为朱朗松缺乏波尔多产区中助长贵腐霉滋生的晨雾。这里的气候可能近似波尔多，但直接影响苏玳与巴萨克中期气候的特质，却没有出现在朱朗松产区。

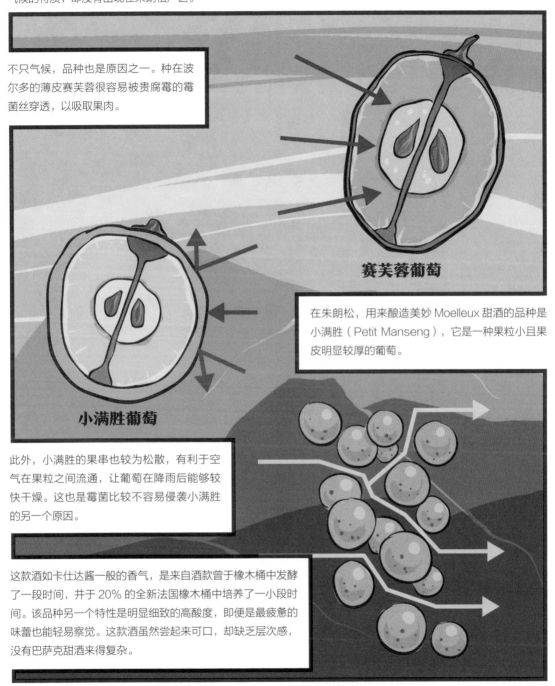

不只气候，品种也是原因之一。种在波尔多的薄皮赛芙蓉很容易被贵腐霉的霉菌丝穿透，以吸取果肉。

赛芙蓉葡萄

在朱朗松，用来酿造美妙 Moelleux 甜酒的品种是小满胜（Petit Manseng），它是一种果粒小且果皮明显较厚的葡萄。

小满胜葡萄

此外，小满胜的果串也较为松散，有利于空气在果粒之间流通，让葡萄在降雨后能够较快干燥。这也是霉菌比较不容易侵袭小满胜的另一个原因。

这款酒如卡仕达酱一般的香气，是来自酒款曾于橡木桶中发酵了一段时间，并于 20% 的全新法国橡木桶中培养了一小段时间。该品种另一个特性是明显细致的高酸度，即便是最疲惫的味蕾也能轻易察觉。这款酒虽然尝起来可口，却缺乏层次感，没有巴萨克甜酒来得复杂。

这并不代表这款酒质量欠佳，只是晚摘葡萄酒的香气通常没有贵腐霉葡萄酒来得多元。不过，前者酒款通常价位较低，如果你需要理由来尝试西南法美好的金黄甜酒，这无疑是个好理由。

西南法推荐酒单

第 5 杯：卡奥尔

1. 皮安赛那克（Prieuré de Cenac）€€
2. 松林酒庄，"真诚"（Château Pineraie, 'l'Authentique'）€€
3. 欧仁妮酒庄，"祖父特酿珍藏"（Château Eugénie, 'Cuvée réservée de l'aïeul'）€€
4. 贝朗日哈酒庄，"莫哈特酿"（Domaine la Bérangeraie, 'Cuvée Maurin'）€€
5. 特里格蒂那园，"普罗伯斯"（Clos Triguedina, 'Probus'）€€€

第 6 杯：马蒂兰

1. 百图妙酒庄，"至高传统"（Domaine Berthoumieu, 'Haute Tradition'）€€
2. 拉菲–泰斯通酒庄，"老藤"（Château Lafitte-Teston, 'Vieilles Vignes'）€€
3. 圣马丁酒庄（Clos Saint-Martin）€
4. 维也纳酒庄，"至尊"（Château de Viella , 'Prestige'）€€

第 7 杯：朱朗松甜酒

1. 汝园，"至高汝"（Clos Thou, 'Suprême de Thou'）€€
2. 玛拉罗德酒庄，"精髓"（Domaine de Malarrode, 'Quintessence'）€€
3. 卡拉迪酒庄，"卡瑟"（Camin-Larredya, 'Au Capcéu'）€€€

技术篇 1
葡萄园之中：树冠管理

葡萄园之中：树冠管理

你可能会感到纳闷，葡萄树长什么样与我何干，酒农决定如何为葡萄树塑形、引枝或剪枝又有什么重要的？是这样的，既然这是一本实用的酒书，我们希望能为你提供一些身处葡萄园之中或开车行经葡萄园时，你可以观察的重点。

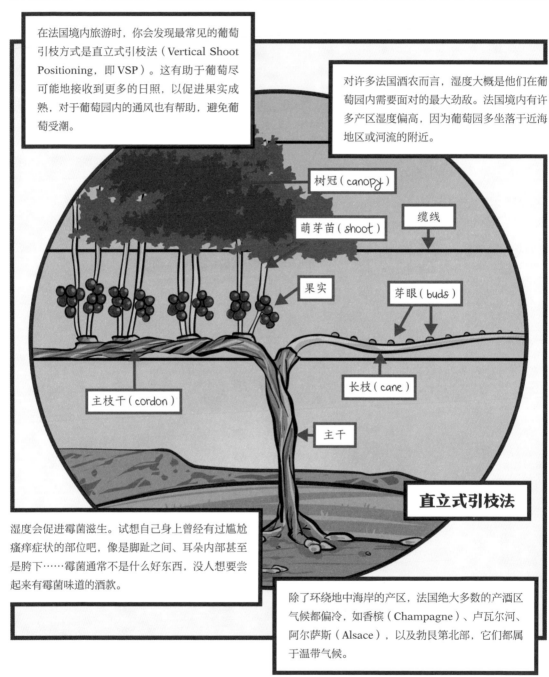

在法国境内旅游时，你会发现最常见的葡萄引枝方式是直立式引枝法（Vertical Shoot Positioning，即 VSP）。这有助于葡萄尽可能地接收到更多的日照，以促进果实成熟，对于葡萄园内的通风也有帮助，避免葡萄受潮。

对许多法国酒农而言，湿度大概是他们在葡萄园内需要面对的最大劲敌。法国境内有许多产区湿度偏高，因为葡萄园多坐落于近海地区或河流的附近。

树冠（canopy）

萌芽苗（shoot）

缆线

果实

芽眼（buds）

主枝干（cordon）

长枝（cane）

主干

直立式引枝法

湿度会促进霉菌滋生。试想自己身上曾经有过尴尬瘙痒症状的部位吧，像是脚趾之间、耳朵内部甚至是胯下……霉菌通常不是什么好东西，没人想要尝起来有霉菌味道的酒款。

除了环绕地中海岸的产区，法国绝大多数的产酒区气候都偏冷，如香槟（Champagne）、卢瓦尔河、阿尔萨斯（Alsace），以及勃艮第北部，它们都属于温带气候。

在这样的气候下，酒农通常都能获得想酿出的酒款风格所需的果实成熟度。然而如果想种出质量更优良的葡萄，则需要将果串引导到能够获得最多日照与热能的角度，如此不但有助于果实的成熟，更能够避免葡萄染上霉菌。

葡萄树的树冠发展完全的理想状态，是能通过从树丛的这头看到另外一头的人，即便可能无法完全看清楚对方。

这可以很粗略地代表葡萄树有足够的空隙让空气流通，避免累积湿气，滋生可能会伤害葡萄的霉菌。

另外一种同样也很常见的引枝方式多见于较温暖的南法地区，是灌木式引枝法（bush-trained vine）。这些不靠外力而自行站立的葡萄树通常离地面较近；而相较于法国较冷的产区，这里的葡萄园种植密度也偏低。

为什么呢？这些生长于较温暖地区的葡萄所面对的挑战，和较冷地区的葡萄截然不同。灌木式引枝法的葡萄通常会形成树荫，避免葡萄皮遭炙热的阳光晒伤，低密度种植则能够改善葡萄树彼此竞争的情况，避免争夺水分。后者在法国地中海产区较为珍稀。

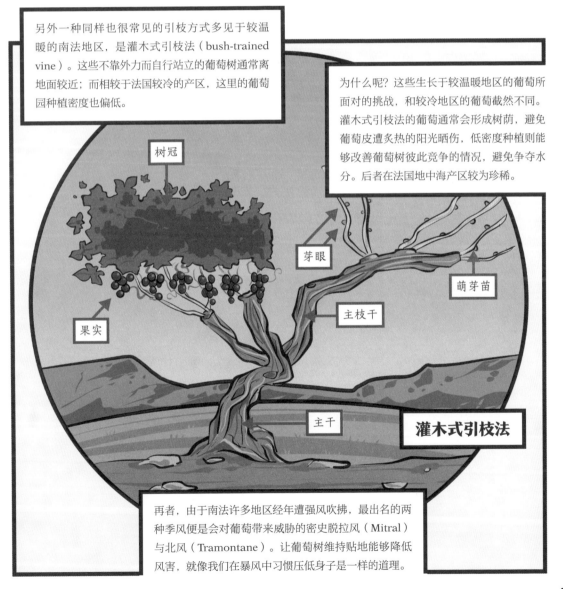

树冠

芽眼

萌芽苗

主枝干

果实

主干

灌木式引枝法

再者，由于南法许多地区经年遭强风吹拂，最出名的两种季风便是会对葡萄带来威胁的密史脱拉风（Mitral）与北风（Tramontane）。让葡萄树维持贴地能够降低风害，就像我们在暴风中习惯压低身子是一样的道理。

朗格多克 - 鲁西荣
Languedoc-Roussillon

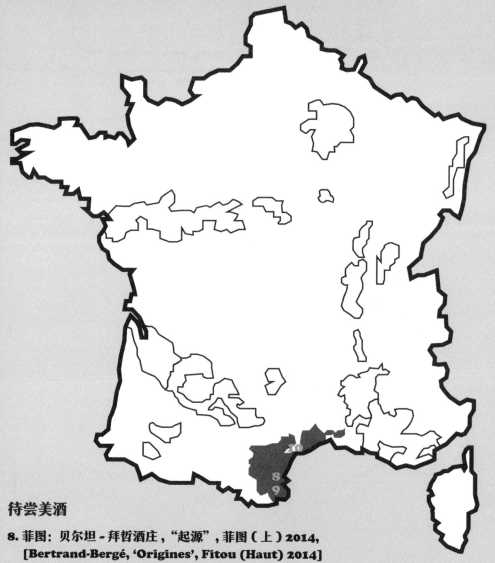

待尝美酒

8. 菲图：贝尔坦 - 拜哲酒庄，"起源"，菲图（上）2014，
   [Bertrand-Bergé, 'Origines', Fitou (Haut) 2014]

9. 莫利自然甜酒：法盖拉酒庄，莫利自然甜红酒 2014，
   [Les Terres de Fagayra, Maury Rouge, Vin Doux Naturel（VDN）2014]

10. 皮纳匹格普勒：圣洛朗酒庄，皮纳匹格普勒
    (Mas Saint Laurent, Picpoul de Pinet)

我第一次搭飞机是14岁的时候。飞离英国曼彻斯特灰蒙蒙的天空3个多小时后，我便来到目的地，走出飞机，站在阶梯顶端，沐浴在爱奥尼亚的暖阳之下。

当我和机上那些肤色苍白的北欧旅客一同走下阶梯时，注意到的不是顿时转暖的气温，也不是地中海岛屿吸引人且非比寻常的耀眼暖阳，反而是这里的气味。

从西南法驱车横穿比利牛斯山脚下的法国南部，当你摇下车窗探出鼻子（就像多年前的我那样），享受地中海海岸所施展的魅力时，会发现潮湿的植物和蔬菜气味不见了。在欧洲北部农村中，那股受大西洋影响的冷凉土壤与木头烟熏味，如今已被扑鼻的百里香、马鞭草、薰衣草和炙热的混凝土气息所取代。

朗格多克-鲁西荣

直到约25年前，朗格多克-鲁西荣还是一个逐渐凋零的葡萄酒产区。虽然这里的产酒量很可能为全法之冠，但当地大多数酒款质量顶多一般，在国内外的市场都无法创下佳绩。之后法国国内品饮葡萄酒的人数逐渐降低，外销市场又遇上果香浓郁直接且价格亲民的澳大利亚酒这类劲敌，逼得当地的酿酒业者力图改变以求生存。所幸他们这么做确实也成功了；对他们而言，这当然是好事一桩，对葡萄酒消费者而言又何尝不是如此。由于当地酒款质量突飞猛进，价位却依旧亲民，朗格多克-鲁西荣如今已成全球性价比极高的葡萄酒产区之一。

第 8 杯

菲图：贝尔坦-拜哲酒庄，"起源"，菲图（上）2014，€

我确实很想找到比贝尔坦-拜哲这款初阶酒"起源"更"好"、桶味更丰富、香气也更丰裕的酒，但那却不如这款酒具有代表该产区的意义。向来被视为朗格多克-鲁西荣的另一个平庸产区的菲图（Fitou）其实非常不错，能够酿出极为可口的佳酿，正如这第 8 杯酒所证明的。

DOMAINE BERTRAND-BERGÉ

Origines

蒙彼利埃（Montpellier）

贝尔坦-拜哲酒庄

它位于法国最南部，且靠近法、西边界，难怪菲图葡萄园内处处可见西班牙的影响。这款特酿的葡萄品种为佳丽酿（Carignan）和歌海娜（Grenache），两者都源自比利牛斯山的另一端。无论是在葡萄园或混酿中，都可以看到它们犹如阴与阳一般形成平衡，而非独挑大梁酿成单一品种酒，这是为什么呢？

因为佳丽酿风味多有辛辣感，浑身有棱有角，而歌海娜则柔软宽容得多，芬芳多香，"体态"也较为浑圆肥美，且多果味。两者放在一起，佳丽酿的尖锐个性因歌海娜而柔软，而歌海娜有时令人感到反感的"好脾气"也因此有所节制。这第 8 款酒，正展现了这两者的美妙融合。

Sniff 的品饮笔记

一股渗进朗格多克空气之中的温和草本香，同样出现在这杯酒里。这草本香融合了甜美且几近果酱般的草莓调性，再添以一两分香料面包的气息。口感略显温暖，单宁分量恰如其分，足以提供酒款架构，撑起诱人的草莓果香。对来自南部的葡萄酒而言，这款"起源"红酒展现了明显的细致酸味，以及新鲜鲜活的口感，余韵虽不特别长，却充满了足以令饮用者满足的特性。

解析

品饮笔记

这款酒特殊的草本香气有些难以形容，它令人联想到当地随处可见的地中海灌木丛（garrigue），即覆盖朗格多克-鲁西荣偏远地区的矮小树丛。这些品种之所以能在这里成功，部分要归功于它们生长的环境完全不适合其他商业作物。

这里的土壤富含石灰岩，但极为贫瘠，缺乏养分，以致当地只有葡萄树与一些香草类植物，譬如：

这些植物足够坚韧，能在此地茁壮成长。

> 如果你在仲夏时分行经这些地中海灌木丛，不难发现这些植物所散发的香气弥漫于空气中，自然也会沾染到邻近葡萄园的葡萄皮上。

由于红葡萄酒在发酵时会与葡萄皮接触，我们可以合理地假设，酿成的酒款也会沾染上这些植物的香气，就好像站得离火堆太近，身上的衣服就会染上烟熏味一样。不过，不管来源为何，酒中那股草本调性确实让这杯酒更加有趣。

至于香料味与草莓的调性，以及酒精度达 14.5% 的温暖酒精感，则是和天生含糖量高的歌海娜有关。酒中的面包风味是我在佳丽酿葡萄酒中常发现的特质，你也可以把这种风味形容为土壤调性。佳丽酿的另一个特性是明显清晰的酸味。这品种的果味也许稍嫌不足，但尝起来总是非常新鲜，而且其向来富含涩口质朴的单宁，这让酒款具有怡人的紧致口感。拜哲的"起源"虽然不复杂，却一点儿也不简单，是一款足以代表该产区的可口葡萄酒，价位更是平易近人。

第9杯

莫利自然甜酒：法盖拉酒庄，莫利自然甜红酒 2014，€€€€

离开贝尔坦-拜哲后若要前往莫利（Maury）酒庄，最好是由 D14 公路取道前行。

这虽然不是最快的一条路线，却能更清楚地欣赏到克里比城堡（Château de Quéribus）的遗址。它是中世纪末期基督教的分支卡特里教派（Catharism）的最后据点；该教派因被天主教会视为异端而被讨伐灭亡。城堡遗址矗立于一处岬角上，战略位置极佳，能看清平原上 700 多米远的敌军动静。

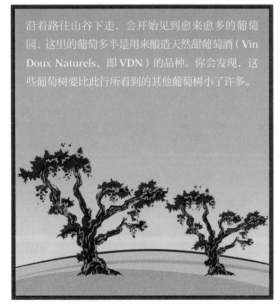

沿着路往山谷下走，会开始见到愈来愈多的葡萄园，这里的葡萄多半是用来酿造天然甜葡萄酒（Vin Doux Naturels，即 VDN）的品种。你会发现，这些葡萄树要比此行所看到的其他葡萄树小了许多。

由于地中海气候炎热缺水，加上此区土壤贫瘠，风又大，导致葡萄树都蜷缩在地上。这里的葡萄树唯有树冠够小才能免于遭北风"碎尸万段"的命运，并勉强获取所需的养分。

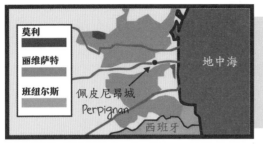

全法国与甜型加强葡萄酒（fortified wine）渊源最深的产区，莫过于鲁西荣。你只需要看看当地法定产区成立的时间，就不难发现，这块在比利牛斯山的庇护之下多风且干燥的美丽土地，素来是甜型加强葡萄酒的心脏地带。

1936

丽维萨特（Rivesaltes）、班纽尔斯（Banyuls）与莫利都是于1936年升等成为法定产区。

1971

不过当地第一个以酿造干型红酒并获得类似地位的产区，却是1971年才升等的科利乌尔（Collioure）。

2005

第9杯酒不但要向天然甜酒的传统致敬，更要向当地愿意延续传统的一小群"新"酿酒人举杯。这家只酿造天然甜酒的酒庄法盖拉其实是2008年才成立的。

Sniff 的品饮笔记

酒色深紫，带有非常怡人的黑李果香、甘草、干燥花、甜香料的香气，甚至些许近似湿石头的土壤调性。但真正厉害之处，是在口中所展现的风味。酒款甜美、深沉、丰裕，却一点儿也不黏腻，这是因为酸度够高，足以"照亮"酒中所有的风味。单宁量虽大，但质地细致光滑且柔美，使得这款酒年轻时已非常平易近人。约16.5%的酒精度虽然比多数干型红酒高，尝起来却一点儿也不显得灼热，反而在口中展现了些许温暖的感觉，足以衬托风味纯粹的果味，并有助于延续口中风味，最后再以带点咸味的怡人余韵作结尾。与其说这款酒如熊抱一般粗鲁，不如说它比较像是给予了调皮且亲昵的拥抱，覆盖了味蕾……

这款酒虽深不透光，却是百分之百以歌海娜酿成的。该品种酿成的酒款向来酒色浅淡。

酿造加强葡萄酒时，酿酒人需要快速地大量萃取出葡萄的颜色、风味与单宁，因为酒精发酵只会维持2天左右。如此短促的发酵时间是为了确保"年轻"的酒中保留住"天然"的糖分。

加强是指在葡萄酒开始酒精发酵不久后，于"年轻"的葡萄酒中加入酒精度95%的葡萄烈酒，以提高其酒精度，或如法国人所说，使其"噤声"（muted），这也导致加强葡萄酒的酒精度通常较高。

由于酒中的酒精度猛然升高，导致酵母相继死亡，无法继续消耗糖分并将之转化为酒精，因此形成甜型酒。

第9杯的酒色与其深沉而纯粹的水果风味，是来自酒款的培养过程。莫利加强葡萄酒和红宝石色风格的波特酒（Ruby Port）相同，都仅经过极短的培养期。这款酒首先于不锈钢桶中培养，之后再转入瓶中，目的是为了防止氧化、维持酒色，并保留新鲜的果味。这款法盖拉红葡萄酒展现了完美的纯净风格，完全不受外界影响。

酒款的香气、深色果味以及甜香料气息，都是歌海娜特有的个性，尤其是来自低产量葡萄园的歌海娜，如同这家占地仅3万平方米的葡萄园。至于酒中成熟而圆润的单宁架构，则证实了该葡萄园的所在地，确实是鲁西荣最适合种植歌海娜的地方。

葡萄园内极为贫瘠的土壤（以黑色片岩为主）似乎有助于抑制葡萄的产量，并增强果实风味的浓郁程度，利于加强葡萄酒的酿造。

最后，这款酒以带点盐味的口感结尾，这就有点难以判断了；这有点像是盐味焦糖冰激凌，或是在糖浆馅饼上撒几撮海盐那样的平衡滋味。这些额外的些许咸味并非为了添加盐的味道，而比较像是为了衬托甜感。这款酒虽甜，却带了点咸味，足以平衡并延伸酒款在口中的滋味。这是一支单饮就很棒的酒，但如果你想搭点什么，不妨试试带点果味的黑巧克力，相信会非常不错。

第10杯

皮纳匹格普勒：圣洛朗酒庄，皮纳匹格普勒，€

（这类酒款是酿制的早饮，最好的年份永远是最年轻的）

沿着A9公路迎风向北前行，途中经过纳博讷（Narbonne）令人赞叹不已的飞檐拱璧的大教堂与歌德风格盛期的贝济耶城（Béziers）大教堂，再继续缓慢向东行，直到闻到大海的味道，这暗示我们离第10杯酒已愈来愈近。

皮纳匹格普勒（Picpoul de Pinet）这个原产地保护葡萄酒（Appellation d'Origin Protégée，即AOP）产区致力于推广单一品种，这在法国可谓难得一见。和邻近几个人口同样稀少的小村庄相同，皮纳村（Pinet）所酿造的酒款非常适合搭配壳类海鲜。壳类海鲜是当地的经济支柱。

这里有面积广大的盐水拓湖（Bassin de Thau），其是陆地与地中海的分界，每年产出上千吨法国人最爱的蛤类，还有既咸且带碘味的生蚝，其最适合搭配当地爽口并带柑橘香气的匹格普勒酒款。该产区酿造的许多可口美酒都非常适合就地畅饮。一旦带离当地舒适且浪漫的环境，这些酒款就会丧失原本明亮的风格。不过匹格普勒可不仅止于此，这个鲜为人知的朗格多克品种虽然无法媲美其余知名的品种，却在当地少数酿酒业者的巧手中成功酿制成极为可口且美味的好酒。

Sniff 的品饮笔记

香气主要是葡萄柚、柠檬与白花香。口感清爽，酸度高但不尖锐，几乎带点咸味，酒体略有分量，质地清晰明显，但不显厚重。这是一款简单而完美的好酒，搭餐或单饮皆佳，罗兰的匹格普勒就是这样可口，令人想一口接一口地畅饮。

解析

品饮笔记

杯中的白花香与柑橘调性是对匹格普勒品种常见的形容，但以这款酒而言，这些风味又更加明显，甚至带了点甜美的香气，这证明了罗兰采收葡萄的时间点不只是为求新鲜，还希望能获得更多风味。此外，这款酒也显示出酿酒人力图避免酒款遭氧化，以求保留更多果味和口中的风味。而以此酒款而言，罗兰算是相当成功的。

清爽但不涩口的酸度，同样证实了葡萄是在具充分酸度又不失风味的时间点采收的。恰如其分的酒体与满覆口腔的饱满质地，则是与酵母渣培养数月的成果。如同在第 3 杯酒时讨论过的，酵母渣的培养有助于增加酒款质地与风味。至于令人停不下来的美妙滋味则来自酒款的平衡感，这表示它在口中没有任何突兀之处，尝起来不苦涩，也没有酒精度带来的灼热感。只要冰镇享用，装瓶后约 18 个月内，都能为大多数饮用者带来大大的满足。

朗格多克-鲁西荣推荐酒单

第8杯：菲图

1. 拓诗峰，"四"（Mont Tauch, 'Les Quatre'）€€

2. 新酒庄，"加里布埃尔"（Château de Nouvelles, 'Gabrielle'）€€

3. 侯榭里埃酒庄，"天赋特酿"（Domaine de la Rochelierre, 'Cuvée Privilège'）€€

由于菲图与北边的珂比耶（Corbières）产区有许多类似之处，

我也列出了一些来自后者的好酒，希望能增加饮用者的选择：

4. 大科蒙酒庄，"传统特酿"（Château du Grand Caumont, 'Cuvée Tradition'）€

5. 高格莱恩酒庄（Château Haut Gléon）€€

第9杯：莫利自然甜酒

1. 阿蜜叶酒庄，"复古查尔斯·杜毕"（Mas Amiel, 'Vintage Charles Dupuy'）€€€€

2. 页岩酒庄，"石榴石樱桃园"（Domaine des Schistes, 'Grenat la Cerisaie'）€€

3. 梅佩尔，"愤怒的太阳"（Mas Peyre, 'Grenat La Rage du Soleil'）€€

由于莫利与位于其东南边的班纽尔斯产区有许多类似之处，

我也列出了一些来自后者的好酒，希望能增加饮用者的选择：

4. 拉比露斯酒窖，"锐美早熟发酵，科尔奈公司"

（Cave de l'Abbée Rous, 'Rimage muté sur grains mise précoce, Cornet et Cie'）€€

5. 博塔玛丽尔酒庄，"传统"（Domaine Berta Maillol, 'Traditionnel'）€€

第10杯：皮纳匹格普勒

1. 费利纳·茹尔当酒庄，"费利纳"（Domaine Félines Jourdan, 'Féline'）€€

2. 奥马利恩，"莫尔尼公爵"（L'Ormarine, 'Duc de Morny'）€

3. 劳雷尔酒庄（Domaine des Lauriers）€

4. 格兰杰酒庄，"天使之地"（Domaine la Grangette, 'La Part des Anges'）€

普罗旺斯 Provence

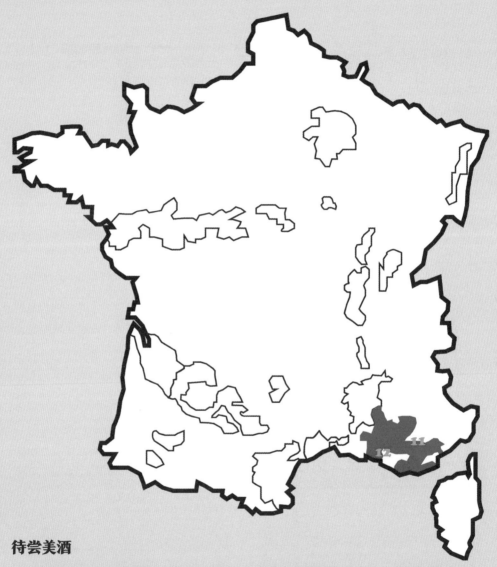

待尝美酒

11. 普罗旺斯丘桃红葡萄酒：蝶之兰酒庄，"摇滚天使"桃红葡萄酒，普罗旺斯丘 2015 (Château d'Esclans, 'Rock Angel' Rosé, Côtes de Provence 2015)

12. 邦多勒红酒：毕芭浓酒庄，邦多勒红酒 2012 (Château de Pibarnon, Bandol Rouge 2012)

普罗旺斯是法国风头最盛也最富魅力的地区。这里的名声多来自蔚蓝海岸风光明媚的海滩与沿海城市，以及每年来这里休憩度假的社会名流与贵妇们。

不过，一旦往内陆走，便会发现普罗旺斯所提供的，可不仅只有海滩与昂贵的名牌鞋。这里也许与沿岸城市的美截然不同，但依旧是个美不胜收的产区。

普罗旺斯的魅力之一，在于人们如何试图驾驭这块土地。每一位来访的游客都期待能在吕贝龙山（Luberon）看到成片的淡紫色的薰衣草花田，但这景象再怎么美丽，也比不上瓦尔省（Var）、罗纳河口省（Bouches-du-Rhône）与邦多勒（Bandol）等地区迷人的农业美景。

普罗旺斯

马赛　　　　　　　　尼斯

对许多人而言，只要提到普罗旺斯，就会想到桃红葡萄酒。不幸的是，这种酒款类型虽然可口怡人，却始终被视为不够正经、严肃的酒种，难以登上顶级酒的殿堂。

直到不久之前，普罗旺斯一直因为这个形象而难以翻身。大众误以为普罗旺斯只生产桃红葡萄酒，更导致该产区不少优质红、白葡萄酒遭到忽视。确实，这里每出产 10 瓶就有 9 瓶是桃红葡萄酒，这也导致外界鲜有注意到普罗旺斯的红、白葡萄酒。

所幸的是，邦多勒、帕莱特（Palette）和雷堡（Les Baux des Provence）产区近来开始出现一些决定脱离法定产区管制框架的酿酒业者，如享有盛名的泰瓦龙酒庄（Domaine de Trévallon）。这个法国最古老的葡萄酒产区，如今已有愈来愈多令人期待且兴奋不已的酒款。

第11杯

普罗旺斯丘桃红葡萄酒: 蝶之兰酒庄, "摇滚天使" 桃红葡萄酒, 普罗旺斯丘 2015, €€€

（和第 10 杯的皮纳匹格普勒酒相同, 年份愈新愈理想。）

坐落于普罗旺斯丘（Côtes de Provence）心脏地带的蝶之兰酒庄（Château d'Esclans）, 大概可以说是酿造纯粹的桃红葡萄酒的代表酒庄之一, 而且这可不是夏日美酒而已。

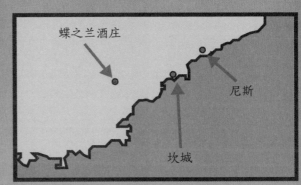

如今的酒庄庄主萨哈·利希纳（Sacha Lichine）是波尔多人, 他于 2006 年收购了蝶之兰酒庄。

由于他的"天使之音"（Whispering Angel）品牌（较第 11 杯酒款更清爽的版本）大举成功, 加上好莱坞前夫妻档布拉德·皮特与安吉丽娜·朱莉买下米拉沃酒庄（Miraval）, 该产区桃红葡萄酒的国际销量因此逐渐增加, 也开始有更多消费者认识顶级桃红葡萄酒的概念。

为什么这值得一提? 因为这有助激励当地酒庄认真酿酒, 从而提升普罗旺斯产区的桃红葡萄酒质量, 而最终得益的, 还是我们这些热爱美酒的消费者。

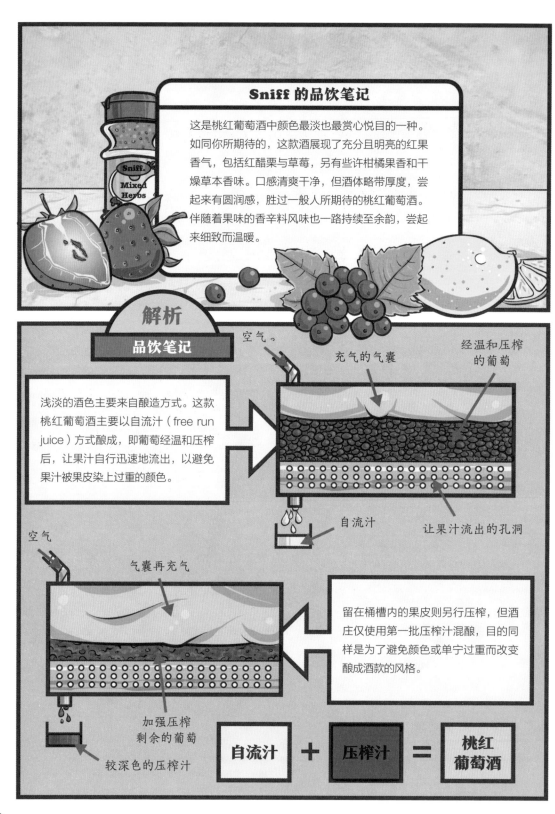

Sniff 的品饮笔记

这是桃红葡萄酒中颜色最淡也最赏心悦目的一种。如同你所期待的，这款酒展现了充分且明亮的红果香气，包括红醋栗与草莓，另有些许柑橘果香和干燥草本香味。口感清爽干净，但酒体略带厚度，尝起来有圆润感，胜过一般人所期待的桃红葡萄酒。伴随着果味的香辛料风味也一路持续至余韵，尝起来细致而温暖。

解析

品饮笔记

空气。

充气的气囊

经温和压榨的葡萄

浅淡的酒色主要来自酿造方式。这款桃红葡萄酒主要以自流汁（free run juice）方式酿成，即葡萄经温和压榨后，让果汁自行迅速地流出，以避免果汁被果皮染上过重的颜色。

自流汁

让果汁流出的孔洞

空气

气囊再充气

留在桶槽内的果皮则另行压榨，但酒庄仅使用第一批压榨汁混酿，目的同样是为了避免颜色或单宁过重而改变酿成酒款的风格。

加强压榨剩余的葡萄

较深色的压榨汁

自流汁 ＋ **压榨汁** ＝ **桃红葡萄酒**

用来酿造桃红葡萄酒的葡萄品种也相当重要。这里的酒款多用歌海娜与侯尔（Rolle）酿成，两者的果皮颜色都是浅淡的，但原因各异。

歌海娜

相较于果皮较厚的品种如赤霞珠，歌海娜的果皮薄，能使果汁染上的色素较少（无论浸泡时间多长）。

侯尔

侯尔源自意大利，在当地被称为维门蒂诺（Vermentino）。由于是白葡萄，萃取酒色不是重点，要论它在酿造桃红葡萄酒中的作用，大概就是用它来稀释黑皮歌海娜的颜色吧！

酒中的红果调性、香辛料气味和草本风味，都是歌海娜品种特有的个性，至于柑橘香气则是来自白色品种的侯尔。歌海娜向来不以高酸度著称，但要酿成桃红葡萄酒的歌海娜，其采收时的成熟度自然和酿红酒用的葡萄截然不同，酿桃红酒时需要的天然酸度通常会比酿红酒时高。

至于侯尔之所以能在这里成功，有一部分要归功于其高雅的香气，另一个原因则是这是一个禁得起地中海炎热的气候，并能够维持酸度的品种，只要不要太晚采收就好。

酒中明显的圆润口感和丰裕的个性，较有可能是因为酒庄使用高质量的葡萄酿成，以及酒款约有一半是用木桶发酵。

余韵中稍微温热的口感来自较高的酒精度（14%），但只要冰镇饮用，就不会影响到品饮这款酒的兴致了。这质朴但不乏高雅个性的酒款很适合搭餐。

第12杯

邦多勒红酒：毕芭浓酒庄，邦多勒红酒 2012，€€€€

Pibarnon 酒庄

邦多勒几乎是穆尔韦德（Mourvèdre）生产地的同义词。这个质量超群、果皮厚实但有点难种的品种，源自西班牙东部。它需要大量日照与温暖的气候来达到完美的成熟度，才能展现它最好的一面。

因此几乎只种植于明显受海洋影响的产区。为什么？如同我们在第1杯中所讨论的，大量的水体有助于稳定并维持产区入秋后的气候，这是全世界的内陆产区都缺乏的。

这也有助于像波尔多的赤霞珠或邦多勒的穆尔韦德这类晚熟品种，在入秋后继续成熟。葡萄园距海不超过5千米的毕芭浓酒庄（Pibarnon），正是受惠于地中海温暖气候的最理想的产区。

隐身于松树林中，位于狭窄小径尽头的毕芭浓虽然难找，却是名副其实的世外桃源。空气中弥漫着香草气味，不难想象这里会酿出质量上乘的酒款，事实上，这里酿的酒的确不俗。从庄园往南，可以越过古老梯田上密集的葡萄树，俯瞰邦多勒湾（Bay of Bandol）的美景。

Sniff 的品饮笔记

如果葡萄酒闻起来有"厚"的感觉，那就是这款酒了。它不但"肉感"十足，还有如同法国料理常见的浓郁酱汁的质地。而且根据葡萄酒评论家杰西斯·罗宾逊（Jancis Robinson）的描述，这款酒在浓郁的黑莓和草本风味中，还带有"野生的"（feral）调性。酒款带有大量的单宁，质地浓郁且涩口，有助于提升酒款在口中的分量。穆尔韦德向来不以高酸度著称，这款酒却有相当程度的新鲜感，仿佛在舌尖飞舞一般，富有绵长且令人心满意足的余韵。

解析

品饮笔记

优质的穆尔韦德向来比其他红葡萄多了一股"未驯化"的气味。我希望能以简单的一句话来解释，但事实却不尽然。最常用来形容穆尔韦德这种调性的词汇，大概要属"还原味"（Reduction，参见第75页）了。

这常被（并不全然正确）用来形容具有挥发性的硫分子，味道类似腐坏鸡蛋或下水道，或是橡胶、土壤和包心菜，也有百香果与烟熏的味道。

你可以想象到，在自己的酒杯中闻到屎味，大概称不上是最怡人的品饮经验，但在酒中这类香气分子通常不多（好险），而且有助于提升酒款的魅力。

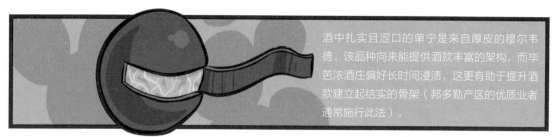

酒中扎实且涩口的单宁是来自厚皮的穆尔韦德。该品种向来能提供酒款丰富的架构，而毕芭浓酒庄偏好长时间浸渍，这更有助于提升酒款建立起结实的骨架（邦多勒产区的优质业者通常施行此法）。

在处理特定品种时，特别是如黑皮诺等多香品种，酿酒业者偏好让葡萄汁与果皮和果渣浸渍几天再行发酵。和泡茶一样，浸泡能够提升酒款的香气和酒色（至少短期内有帮助），也有助于酿出适合在短期或中期内饮用的特定风格的酒款。

但如果是想酿出能够久存的美酒，如这款邦多勒，酿酒业者则倾向于发酵后浸渍。酒精发酵完成后再行与果皮或果籽浸渍，会对新酿成的酒款带来巨大的影响，进而改变酒款的风格。

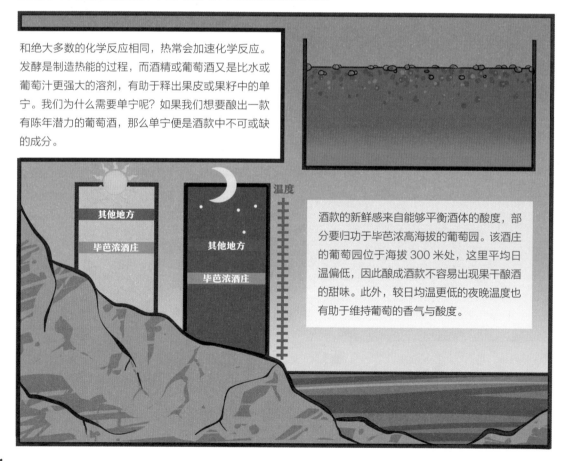

和绝大多数的化学反应相同，热常会加速化学反应。发酵是制造热能的过程，而酒精或葡萄酒又是比水或葡萄汁更强大的溶剂，有助于释出果皮或果籽中的单宁。我们为什么需要单宁呢？如果我们想要酿出一款有陈年潜力的葡萄酒，那么单宁便是酒款中不可或缺的成分。

酒款的新鲜感来自能够平衡酒体的酸度，部分要归功于毕芭浓高海拔的葡萄园。该酒庄的葡萄园位于海拔 300 米处，这里平均日温偏低，因此酿成酒款不容易出现果干酿酒的甜味。此外，较日均温更低的夜晚温度也有助于维持葡萄的香气与酸度。

这款酒的酒体虽然偏重，风味既浓郁又集中，在口中却显得轻盈，不会令人不悦或沉闷，这是因为这款酒还相当年轻。现在当然已经适饮，但若等它过了十岁"生日"后再行饮用，尝起来应该会更加和谐，届时单宁已经不再涩口，果味也已发展出更深沉的深度与更多风味。

陈年后的酒款架构虽然依旧清晰，却已经能够与果味更加融为一体。目前的感觉就像是站在一栋没有装潢或装潢尚未完成的房间内，无论外观或空间多美好，你大概还是不会觉得住在里面能多舒适。

唯有等到地毯铺好、画挂好、窗帘装好，就连床也送达并摆好位置，才会开始出现家的感觉。毕芭浓的邦多勒红酒就像是这样，是需要时间才会觉得完整的酒，才能在杯中展现出成熟的迷人样貌。

*注：还原和氧化是两个截然不同但互补的化学程序。化学反应会导致电子转移，以致化合物被氧化，另一则被还原。如果氧气充足，酒中的化合物便会逐渐被氧化（即电子由葡萄酒中的化合物移转至氧气中），如杰米・古德（Jamie Goode）博士所形容的一样。

失去电子

氧化

得到电子

还原

普罗旺斯推荐酒单

第 11 杯：普罗旺斯丘桃红葡萄酒
1. 幂岚宝酒庄，"皮尔"（Mirabeau, 'Pure'）€€
2. 奥特米爱尔酒庄，米雷耶园（Domaine Ott, 'Clos Mireille'）€€€€
3. 圣玛利特，"交响乐特酿"（Château Sainte Marguerite, 'Cuvée Symphonie'）€€
4. 希博，"提博朗传统特酿"（Clos Cibonne, 'Cuvée Tradition-Tiboren'）€€€
5. 里莫里克，"R"（Rimauresq, 'R'）€€

第 12 杯：邦多勒红酒
1. 都彭塔酒庄（Domaine de la Tour du Bon）€€€
2. 橄榄酒庄（Domaine de l'Olivette）€€
3. 白农舍酒庄，"枫塔诺特酿"（La Bastide Blanche, 'Cuvée Fontanéou'）€€€
4. 普拉铎酒庄（Château Pradeaux）€€€

南罗纳河 Southern Rhône

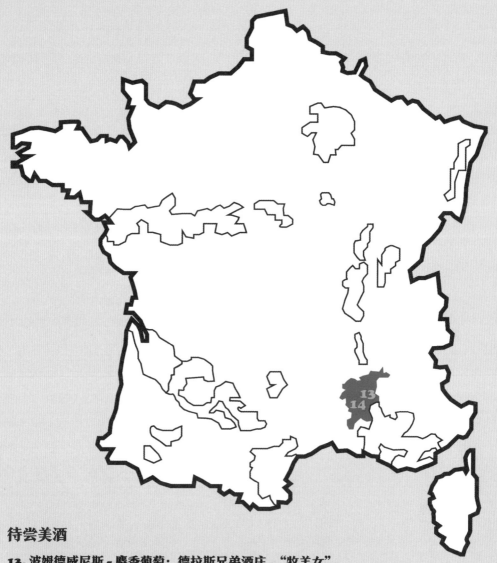

待尝美酒

13. 波姆德威尼斯 – 麝香葡萄：德拉斯兄弟酒庄，"牧羊女"，
    波姆德威尼斯 – 麝香葡萄 2015 (Delas Freres 'La Pastourelle',
    Muscat de Beaumes-de-Venise 2015)

14. 教皇新堡红酒：老教堂酒庄，教皇新堡 2013
    (Le Vieux Donjon Rouge, Châteauneuf-du-Pape 2013)

法国南罗纳河地区是个被阳光吻遍的产区，这里鲜少遇到厚的云层遮蔽看不见地平线另一端的日子，这种清晰的视野总是能让旅行者大略知道自己身在何方。

但能够让旅行者确定自身位置的其实不是平缓起伏的柏油路，也不是蒙米拉伊山脉（Dentelles de Montmirail）锯齿状悬崖的轮廓。相比南罗纳河真正的巨型地标，这些景象不过如侏儒般矮小，无法引人注目，我所说的正是那经年被密史脱拉风猛袭而光秃一片的庞大冯杜山（Mont Ventoux）。

不管是在瓦格哈（Vacqueyras）的葡萄园里，还是在马洛萨纳城（Malaucène）外溯溪，或正由吉贡达（Gigondas）骑单车前往波姆德威尼斯，都见得到冯杜山如士兵站岗般从覆满松树的森林中探出头来，向蓝色的天空延伸而去。

第13杯

波姆德威尼斯 - 麝香葡萄：德拉斯兄弟酒庄，"牧羊女"，波姆德威尼斯 - 麝香葡萄 2015, €€

（年份愈年轻愈好）

来到南罗纳河地区的葡萄酒爱好者，多半会将注意力集中在异常美丽的蒙米拉伊山脉的缓坡村庄。

这条山脉表面覆盖了一层纤薄的石灰岩层，是六千万至两亿前年因其地壳受激烈挤压，板块上升而形成的。

这里景色最美的村庄（如果将所酿葡萄酒的名声也纳入考虑），自然要属坐落于山脚下的吉贡达。

吉贡达

来到这里，不妨伴着仲夏午后的阳光享受一顿文雅的午餐，品尝当地知名的松露，餐后跳过甜点，直接上路南行。

蒙米拉伊山脉

吉贡达

D7 公路

D21 公路

波姆德威尼斯

在往南的短程旅途中，还会经过另一知名酒村瓦格哈，但我们此行的目的地既非吉贡达也不是瓦格哈，而是波姆德威尼斯及当地享有盛名的甜型麝香葡萄（Muscat），它才是我们放弃餐后甜点的理由与报酬。

在法国众多加强葡萄酒中，当属第 13 杯这款酒最适饮也最讨人欢心。

波姆德威尼斯

波姆德威尼斯的麝香葡萄酒充分地表现出了麝香葡萄浓郁醉人的香气，这香气是该品种始终大受欢迎的原因之一。

LA PASTOURELLE
2007
MUSCAT DE BEAUMES DE VENISE
APPELLATION MUSCAT DE BEAUMES DE VENISE CONTROLEE
DELAS
ÉLEVÉ ET MIS EN BOUTEILLE PAR DELAS FRERES A TOURNON-SUR-RHONE - FRANCE
PRODUIT DE FRANCE - PRODUCT OF FRANCE
15% vol.Alc.   750 ml

Sniff 的品饮笔记

要说有哪一款酒坦然流露自己的情感，那么非这支"牧羊女"莫属。这款麝香葡萄酒坦荡荡地展现了极为露骨的香气，满溢的葡萄香气包覆在香辛料和蜂蜜的气息之下，杯中还飘溢着香瓜、柠檬与百香果香。口感明显带甜，另有充分的酸度，才不会使酒款尝起来黏腻或如糖浆一般厚重，质量欠佳的甜酒偶尔会出现这样的情形。这款加强葡萄酒个性丰裕且酒体饱满，酒精度明显（约15%），余韵略有灼热感，风格纯粹，虽然相对简单，但没什么不好的。只需冰镇一两小时后饮用，尝起来便会兼具新鲜与奢华的滋味。

麝香葡萄是少数经发酵酿制后，闻起来依旧具有明显葡萄气味的品种。

VDN

这款自然甜葡萄酒之所以如此香气扑鼻，有一部分的原因是葡萄汁只经过部分地发酵，保留了果汁中的天然糖分。

这也有助于保留果汁中绝大多数的香气，而这正是麝香葡萄品种名声响亮之处。

这款酒的酿造方式已于第 9 杯中详尽介绍，即源自朗格多克的莫利自然，但酿造甜白葡萄酒与甜红酒另有几点不同之处，值得额外详述。

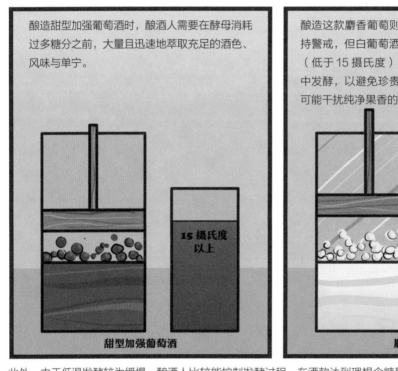

酿造甜型加强葡萄酒时，酿酒人需要在酵母消耗过多糖分之前，大量且迅速地萃取充足的酒色、风味与单宁。

酿造这款麝香葡萄则可放松一些，虽然还是得保持警戒，但白葡萄酒的发酵温度要比红酒低得多（低于 15 摄氏度），而且它通常于不锈钢桶槽中发酵，以避免珍贵的香气被"煮"光，或任何可能干扰纯净果香的氧化调性来搅局。

不锈钢发酵槽

15 摄氏度以上

15 摄氏度以下

甜型加强葡萄酒

麝香葡萄

此外，由于低温发酵较为缓慢，酿酒人比较能控制发酵过程，在酒款达到理想含糖量时，通过冷却或添加蒸馏烈酒的方式中止发酵过程。以这款酒而言，每升的残糖量（residual sugar）是 110 克。

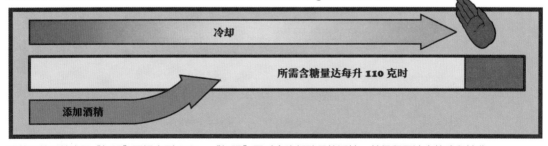

冷却

所需含糖量达每升 110 克时

添加酒精

这款酒的酒精度因"加强"而提高到 15%，"加强"同时会降低酵母的活性，并保留果汁中的残留糖分。

酒款清新的酸度部分来自品种，部分因为葡萄不仅种植于朝向良好的土地，且在正确的时间点采收。

这款酒所使用的麝香葡萄被视为所有麝香葡萄品种中质量最优者，即小粒白麝香葡萄（Muscat Blanc à Petits Grains）。

如名称所示，该品种果实较小，果皮与果肉占比高，果皮又是葡萄酒中绝大多数风味与香气的来源，因此酿成的酒款自然比较丰富，最终受益的还是我们消费者。

果肉

小粒白麝香葡萄

果肉

亚历山大麝香葡萄

此外，小粒白麝香葡萄的酸度较其他麝香葡萄家族成员要高，当种植位置足够靠近蒙米拉伊山脉时，葡萄会因为由这座蕾丝形状般的山峰所吹拂下来的冷风，得以保留果实的香气。

这款酒一点儿也不"内敛"，反而相当"活泼"，非常适合作为开胃酒或搭配前文所建议的甜点。

如果你既是饕客又是美食家，需要美酒与甜点相伴才能获得满足，不妨选择口感清爽、果味浓郁但不要太甜的酒来搭配。

如果是我，应该会选择草莓挞或是一碗浸渍在阳光之下的无花果来搭配这款最开胃的美酒。

罗纳河产区享有盛名的莫过于位处中央地带的大村：教皇新堡（Châteauneuf-du-Pape，简称CNdP）。

教皇新堡红酒：老教堂酒庄，教皇新堡 2013, €€€€

教皇新堡

蒙彼利埃

阿维尼翁（Avignon）

虽然当地也有其他特级酒庄（如吉贡达）酿出的酒款，足以展现类似的广度和带有香辛料的气息，然而教皇新堡众多酒庄以多元的土质类型与老藤葡萄所酿出的顶级酒，堪称南罗纳河地区的质量代表产区。众所皆知，教皇新堡是以多个品种酿成（共13或18种，视同品种不同颜色是否分开计算而异），当地的明星品种以及种植量最大的品种当属歌海娜。它是主角中的主角，接着才是另外两个同为A级明星品种的搭档穆尔韦德和西拉，分别负责为混酿增添深度与浓郁度。

许多葡萄酒书都偏好以满地鹅卵石上长着多枝干节点的老藤，作为介绍教皇新堡葡萄园的图片。

这类图片的问题是，教皇新堡虽然的确有这种满是疙瘩又呈弯曲状的老藤葡萄，但当地的土壤其实更多元。在葡萄园内行走时，可能既会踩到沙子也会踢到足球大小的鹅卵石。这点之所以重要，是因为多元的土质会反映在酒款上。虽然该产区的酒普遍带有些许灼热感，酒体也多半丰满，但单宁质地、果味高雅与否及香气浓郁程度，则与葡萄藤脚下的土壤结构大有关联。

Sniff 的品饮笔记

这款以 55% 的歌海娜、各 20% 的西拉与穆尔韦德，和些许神索（Cinsaut）酿成的酒款充满香气，美丽且诱人，含有樱桃、草莓、黑莓、甘草、炖牛肉、巧克力与干燥草本的香气。口感则展现了明显的酸度骨架，足以平衡丰满的酒体与高酒精度。这是一款架构宏大、口感却不笨重的酒。单宁细致柔顺，质地略带粉状和咬开葡萄籽的口感，而非颗粒状或咬舌的口感，在不扭曲原有口感之下，为酒款增添浓郁度。这款酒尝起来滑顺，余韵同样绵长，让你不禁想再斟上一杯。

解析

品饮笔记

酒款香气充盈且富表现力的特质，和种植于沙地土壤上的歌海娜有很大的关系；葡萄园位于教皇新堡产区东北部，是在前往库尔泰宗城（Courthézon）的路上。

老教堂酒庄在教皇新堡村北边的地区也有葡萄园，其土壤以鹅卵石为主，尤其适合种植晚熟的穆尔韦德。该区土质较重，具有能够吸收热量的石头，不仅有助于热爱阳光的穆尔韦德生长，更能帮助此地的歌海娜发展出更多深度、酒色与单宁，这也解释了这款酒中有大量单宁的原因。至于酒款中多元的香气，则是源自 2013 年特殊的年份表现。

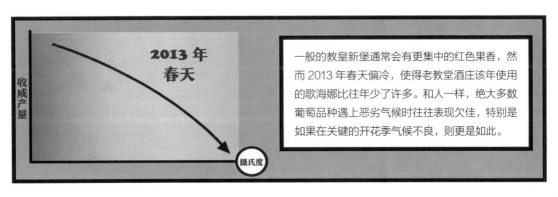

一般的教皇新堡通常会有更集中的红色果香，然而 2013 年春天偏冷，使得老教堂酒庄该年使用的歌海娜比往年少了许多。和人一样，绝大多数葡萄品种遇上恶劣气候时往往表现欠佳，特别是如果在关键的开花季气候不良，则更是如此。

生长需要能量，而葡萄树则需要稳定的碳水化合物来源，以确保葡萄从开花到结果（fruit-set，即果串形成）的过程能够顺利。

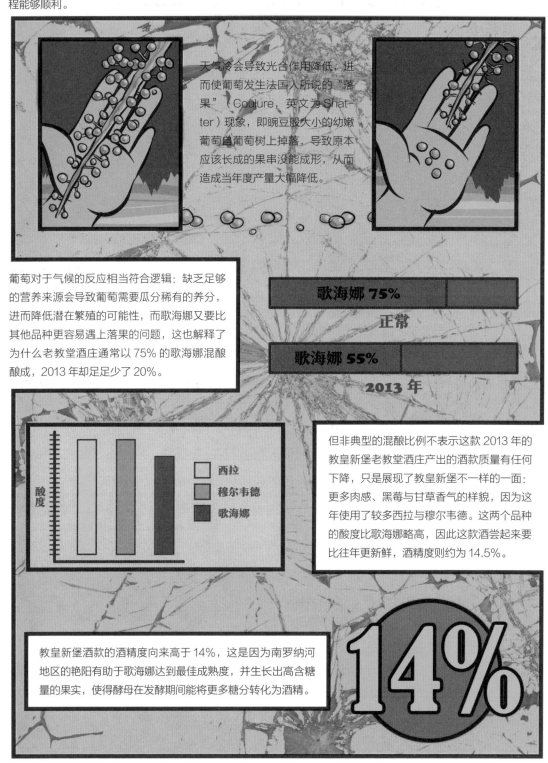

天气冷会导致光合作用降低，进而使葡萄发生法国人所说的"落果"（Coulure，英文为Shatter）现象，即豌豆般大小的幼嫩葡萄自葡萄树上掉落，导致原本应该长成的果串没能成形，从而造成当年度产量大幅降低。

葡萄对于气候的反应相当符合逻辑：缺乏足够的营养来源会导致葡萄需要瓜分稀有的养分，进而降低潜在繁殖的可能性，而歌海娜又要比其他品种更容易遇上落果的问题，这也解释了为什么老教堂酒庄通常以75%的歌海娜混酿酿成，2013年却足足少了20%。

歌海娜 75%

正常

歌海娜 55%

2013 年

酸度

西拉
穆尔韦德
歌海娜

但非典型的混酿比例不表示这款2013年的教皇新堡老教堂酒庄产出的酒款质量有任何下降，只是展现了教皇新堡不一样的一面：更多肉感、黑莓与甘草香气的样貌，因为这年使用了较多西拉与穆尔韦德。这两个品种的酸度比歌海娜略高，因此这款酒尝起来要比往年更新鲜，酒精度则约为14.5%。

教皇新堡酒款的酒精度向来高于14%，这是因为南罗纳河地区的艳阳有助于歌海娜达到最佳成熟度，并生长出高含糖量的果实，使得酵母在发酵期间能将更多糖分转化为酒精。

14%

不同酒款的质地与在口中释放的感受，都是非常真实的。我们已经在第3杯酒见识过，与酵母渣浸渍和搅桶对发酵或熟成中的白葡萄酒造成的口感影响来看，红酒的口感所带来的多元质地才是最强烈的。

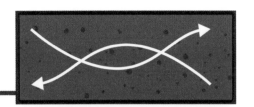

这是为什么呢？

要回答这个问题，得先简短地解释单宁的作用。简单来说，植物的单宁是为了阻止掠食者摄食而存在。如果你吃了青涩未成熟的果实，比如覆盆子或葡萄，会发现它尝起来不但有令人皱眉的高酸度，还相当苦涩。

苦涩感来自唾液中的蛋白质结合单宁所形成的触觉口感，这也会导致口腔干涩，如同喝了浸泡太久的茶水。葡萄树以及覆盆子的木枝已经进化到当它成熟，即果籽可以散播及继续繁殖时，果实会有愉悦的外观颜色、甜度以及较低的酸度，以吸引饥饿的掠食者食用，并广为散播果实内的籽。

不管什么酒，只有你能决定该如何形容自己感受到的单宁质地。我发现歌海娜常带给我类似粉状的单宁质感，宛如计算机像素一般。我用类似的词汇来形容意大利最伟大的品种内比奥罗（Nebbiolo），但后者给我的感觉要更集中些，因为内比奥罗酒款比以歌海娜为主的混酿更紧致，但较不柔和；歌海娜确实可以说是教皇新堡中个性奔放的葡萄之王。

南罗纳河推荐酒单

第 13 杯：波姆德威尼斯 - 麝香葡萄

1. 圣索沃尔，"修道士特酿"（Château Saint-Saveur, 'Cuvée des Moines'）€€
2. 萨维埃维农（Xavier Vignon）€€

基于朗格多克也是许多类似第 13 杯的麝香葡萄的家乡，以下列出：

3. 爱尔斯酒庄，吕内尔-麝香葡萄酒（Domaine des Aires, Muscat-de-Lunel）€€
4. 佩荣内酒庄，弗龙蒂尼昂-麝香葡萄酒，"美丽星辰特酿"
（Domaine Peyronnet, Muscat-de-Frontignan, 'Cuvée Belle Etoile'）€€
5. 芭侯比欧酒庄，圣-让-米内瓦-麝香葡萄酒，"丢瓦依"
（Domaine de Barroubio, Muscat-de-Saint-Jean-de-Minervois, 'Dieuvaille'）€€

第 14 杯：教皇新堡红酒

1. 煤场酒庄，"鹧鸪酒令特酿"（Domaine de la Charbonnière, 'Cuvée Mourre des Perdrix'）€€€€
2. 博卡斯特尔酒庄（Château de Beaucastel）€€€€€
3. 教皇酒庄（Clos des Papes）€€€€€
4. 吉罗酒庄，"歌海娜皮埃尔"（Giraud, 'Les Grenaches de Pierre'）€€€€€ +
5. 迪图尔酒庄（Château Rayas）€€€€€ +
6. 克里斯蒂亚酒庄，"老藤"（Domaine de Cristia, 'Vielles Vignes'）€€€€€ +
7. 狼泉酒庄，"狼泉小姐"（Château de la Font du Loup, 'Les Demoiselles de la Font du Loup'）€€€€€
8. 塔尔丢-洛朗，"拉古特酿"（Tardieu-Laurent, 'Cuvée Spéciale'）€€€€
9. 碎石丘酒庄，"石英"（Les Clos du Caillou, 'Les Quartz'）€€€€€ +

北罗纳河 Northern Rhône

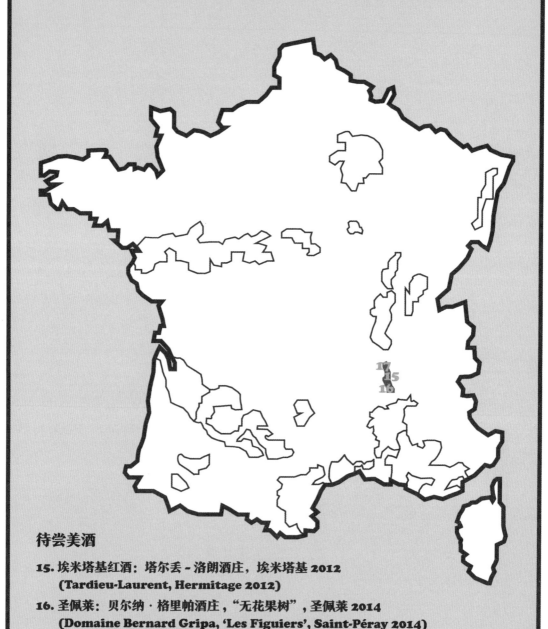

待尝美酒

15. 埃米塔基红酒：塔尔丢-洛朗酒庄，埃米塔基 2012
(Tardieu-Laurent, Hermitage 2012)

16. 圣佩莱：贝尔纳·格里帕酒庄，"无花果树"，圣佩莱 2014
(Domaine Bernard Gripa, 'Les Figuiers', Saint-Péray 2014)

17. 贡德约：乔治·维尔纳酒庄，"帝国梯田"，贡德约 2015
(Georges Vernay, Les Terrasses de l'Empire, Condrieu 2015)

没耐性的人会走 A7 公路，这是从教皇新堡到北罗纳河最南端瓦朗斯（Valence）之间 114 千米路的最快路线。时间较充裕的人不妨考虑绕道，拜访有美丽的中古时期特征与罗马建筑的韦松拉罗迈纳（Vaison-La-Romaine），或是出产全法国最棒橄榄的尼永（Nyons）小镇；如果你是热爱美丽事物的人，也懂得享用午餐的必要性，相信你一定会懂得欣赏这些地区之美。

瓦朗斯

尼永镇

罗纳河

A7 公路

韦松拉罗迈纳城

教皇新堡

往北的简短旅程将我们带离地中海型气候，来到大陆型气候的地区。南方的海洋仍然会影响北罗纳河地区的天气，但进入新产区后，你会发现仅仅一度纬度的变化，就会为生态环境带来不少改变。

位于教皇新堡以南的阿维尼翁，其生长季的气温足足要比瓦朗斯高了两度，然而不同于代表教皇新堡景观的缓坡和平原，在北罗纳河地区见到的多是群聚于罗纳河河岸陡坡的花岗岩土壤葡萄园。

这里种植的葡萄品种也有所不同。不同于南罗纳河的众多品种，这里只有一种黑葡萄品种——高贵的西拉，而它正是需要在这风化的陡坡与梯田山丘中，才能展现出最旺盛的精力，并结出最芳香的果实。

虽然全球葡萄酒市场普遍偏爱红酒，但要让北罗纳河地区真正完整，自然少不了白葡萄品种：不管是酒体丰腴且充满杏桃香气的浓香维欧尼（Viognier）、架构"结实"的玛珊（Marsanne），或是"轮廓"鲜明的瑚珊（Roussanne），任何酒窖、酒柜或葡萄酒冰箱都需有这些酒款，才称得上是令人兴奋的收藏。

第15杯

埃米塔基红酒：塔尔丢 - 洛朗酒庄，埃米塔基 2012, €€€€€

埃米塔基（Hermitage）的丘陵所产出的不只是罗纳河最优，更是全球极具劲道和细致的西拉红酒。

FAMILLE TARDIEU

HERMITAGE

TARDIEU - LAURENT

有一些人认为，埃米塔基以北 50 千米处罗弟丘（Côte Rôtie）的陡峭葡萄园所酿出的葡萄酒，才称得上是北罗纳河最优的西拉葡萄酒。罗弟丘的西拉也许较优雅，但埃米塔基的酒款才是最能代表该产区其他风格的西拉葡萄酒，如重量级的科纳（Cornas）与克罗兹-埃米塔基（Crozes-Hermitage）。

如果从南部前往埃米塔基，取道古斯塔夫·图西埃桥（Pont Gustave Toursier）过河，就能一览埃米塔基丘陵葡萄园的美景，唯有此时你才会明白这产区有多小。埃米塔基虽然享有盛名，却仅有 1.35 平方千米的葡萄园而已。

该产区的葡萄园面积之所以如此小，是因为当地只有朝南的地块才适合种植西拉（其中还有 25% ～ 30% 种了玛珊与瑚珊）。葡萄园朝向赤道的位置至关重要，只要坐向有所偏差，葡萄就无法得到足够的日照与热能，难以达到良好的成熟度。

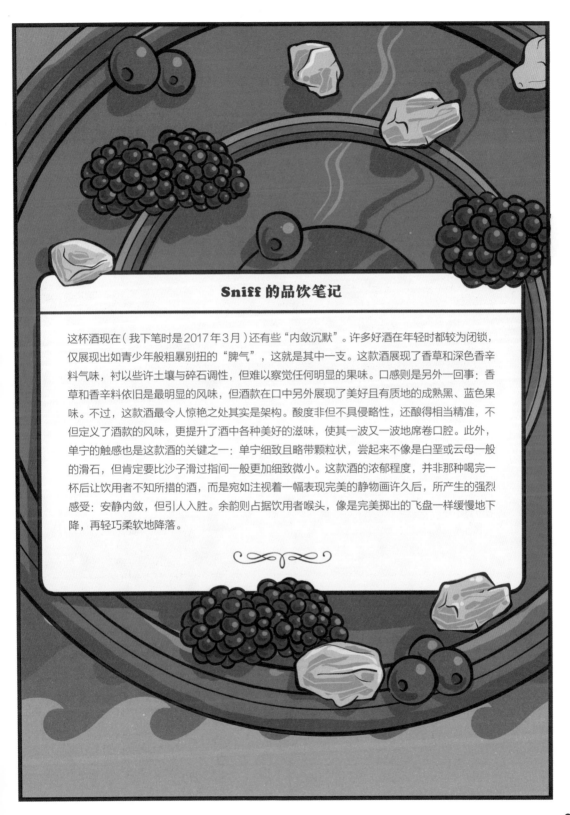

Sniff 的品饮笔记

这杯酒现在（我下笔时是2017年3月）还有些"内敛沉默"。许多好酒在年轻时都较为闭锁，仅展现出如青少年般粗暴别扭的"脾气"，这就是其中一支。这款酒展现了香草和深色香辛料气味，衬以些许土壤与碎石调性，但难以察觉任何明显的果味。口感则是另外一回事：香草和香辛料依旧是最明显的风味，但酒款在口中另外展现了美好且有质地的成熟黑、蓝色果味。不过，这款酒最令人惊艳之处其实是架构。酸度非但不具侵略性，还酿得相当精准，不但定义了酒款的风味，更提升了酒中各种美好的滋味，使其一波又一波地席卷口腔。此外，单宁的触感也是这款酒的关键之一：单宁细致且略带颗粒状，尝起来不像是白垩或云母一般的滑石，但肯定要比沙子滑过指间一般更加细致微小。这款酒的浓郁程度，并非那种喝完一杯后让饮用者不知所措的酒，而是宛如注视着一幅表现完美的静物画许久后，所产生的强烈感受：安静内敛，但引人入胜。余韵则占据饮用者喉头，像是完美掷出的飞盘一样缓慢地下降，再轻巧柔软地降落。

解析

品饮笔记

如同我们在上一杯所品尝到的，香草与香辛料气息是酒款于法国橡木桶中培养得来。其深色的果味与土壤风味，则是以西拉为主的酒款中常出现的调性。新鲜的酸度源自葡萄种在纬度较北、气候温暖却不至于过度的环境中。这样的生长气候能够确保我们不会在酒中尝到果干或如波特酒一般的调性，后者是种植在过热地区的西拉常会出现的风味（不管这类酒款尝起来多么可口）。

这款酒质地近乎光滑的细致单宁，是高质量西拉的象征。酒商塔尔迪厄·洛朗在埃米塔基并没有任何葡萄园，而是与当地酒农合作。这款酒浓郁的果味与绵长的余韵，部分是来自精挑细选的种植地点，部分则是以老藤葡萄酿成，这些老藤葡萄多半是 60 年树龄以上的。

有一些酒款就是足以证明这一小片地或山丘，以及种植于其上的品种为何如此备受重视。埃米塔基优于邻近产区的特定原因难以详述，但其酒款之卓越，众所皆知。

这款酒非常可口，虽然还会随着时间的推进更加诱人，但现在饮用也已能提供饮用者大量的乐趣。好好享受吧！

第16杯 听到开放式酒吧传来熟悉的音乐时，过去的回忆常涌上心头，那时所有的感觉，以及将听者带回熟悉的时间与地点。

圣佩莱：贝尔纳·格里帕酒庄，"无花果树"，圣佩莱 2014，€€

同理，气味也常对饮用者带来类似的影响。

对我而言，扑鼻的丁香味总是会带我回到儿时的圣诞节时光，因为奶奶自制的可口面包酱总是少不了丁香。

温暖的防水布味道，则总是让我联想到青少年时期的假日，在苏格兰高地露营时躲在潮湿帆布之下的回忆。

至于在雪莉（Jerez）与蒙蒂利亚（Montilla）产区高耸的酒庄里令人陶醉的香气，则是我心目中天堂应有的气味（如果真有这地方，而且我也真的能获准进入这充满香气的应许之地的话）。

对我而言，瑚珊与玛珊也能产生类似的影响。

这两个关系紧密的品种大概不可能有机会家喻户晓，它们太"沉默寡言"且"古板"，没有浓郁多香的个性，只有些许"内敛低调"的香气。

然而，最好的瑚珊与玛珊酒款魅力十足，而且能展现出舒心的工作室和小屋的气味。

如果你觉得我想太多或是自以为是的浪漫，或"谁会想喝有亮光漆或树脂风味的酒款"？

不妨想想雷司令（Riesling）常展现的石油气味、黑皮诺的农庄味，或是长相思的汗味……

坐落于罗纳河右岸（以河流前进方向为标准）的圣佩莱（Saint-Péray），是北罗纳河最南的产区，而且全区只酿白葡萄酒。

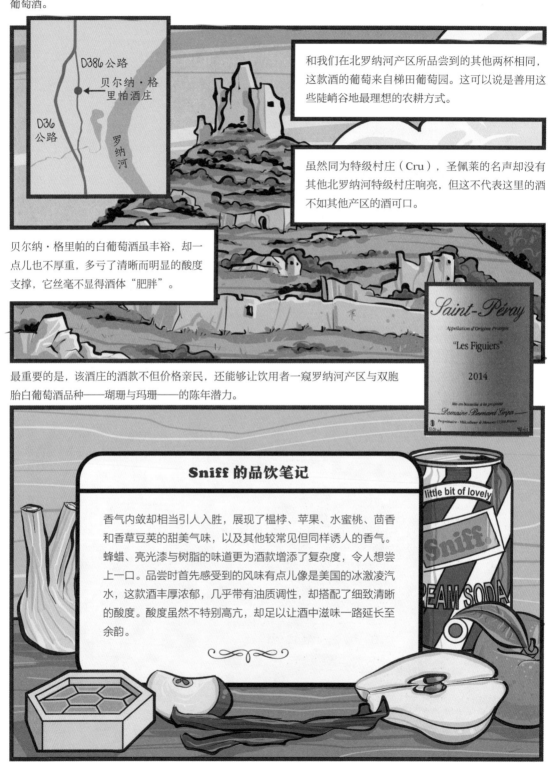

D386 公路

贝尔纳·格里帕酒庄

D36 公路

罗纳河

和我们在北罗纳河产区所品尝到的其他两杯相同，这款酒的葡萄来自梯田葡萄园。这可以说是善用这些陡峭谷地最理想的农耕方式。

虽然同为特级村庄（Cru），圣佩莱的名声却没有其他北罗纳河特级村庄响亮，但这不代表这里的酒不如其他产区的酒可口。

贝尔纳·格里帕的白葡萄酒虽丰裕，却一点儿也不厚重，多亏了清晰而明显的酸度支撑，它丝毫不显得酒体"肥胖"。

Saint-Péray

Appellation d'Origine Protégée

"Les Figuiers"

2014

Mis en bouteille à la propriété

Domaine Bernard Gripa

Propriétaire - Viticulteur à Mauves 07300 France

最重要的是，该酒庄的酒款不但价格亲民，还能够让饮用者一窥罗纳河产区与双胞胎白葡萄酒品种——瑚珊与玛珊——的陈年潜力。

Sniff 的品饮笔记

香气内敛却相当引人入胜，展现了榅桲、苹果、水蜜桃、茴香和香草豆荚的甜美气味，以及其他较常见但同样诱人的香气。蜂蜡、亮光漆与树脂的味道更为酒款增添了复杂度，令人想尝上一口。品尝时首先感受到的风味有点儿像是美国的冰激凌汽水，这款酒丰厚浓郁，几乎带有油质调性，却搭配了细致清晰的酸度。酸度虽然不特别高亢，却足以让酒中滋味一路延长至余韵。

这款酒的椴梣、水蜜桃与茴香调性，是以瑚珊为主的白葡萄酒中常见的风味（至少对我而言），而这款"无花果树"约有三分之二的品种是瑚珊。

树脂与亮光漆的调性则是来自其他三分之一的玛珊品种。瑚珊酸度虽比玛珊高，却是个产量不稳定的品种，而且种植时禁不起风。

然而北罗纳河一年中绝大多数时间都得面对寒冷的密史脱拉风大肆炮轰，因此，相较于难搞的瑚珊，许多酒农更倾向于种植产量稳定也比较好照顾的玛珊。

因此在当地，如这款以瑚珊为主要混酿品种的酒并不多见。这类酒款明显而怡人的酸度，是以玛珊为主的酒款中较难得一见的特质。

酒中甜美的香草调性来自酒款曾于法国橡木桶中培养一段时间，这风味与酒中其他滋味完美结合，丝毫不显突兀。

照理来说，橡木桶味应该要像是使用得宜的香水，提升酒款的层次，而不是盖过原有的风味。以这款酒来说，橡木桶用得恰到好处。

酒中持续且令人忆起开心往事的浓郁风味，则是老藤葡萄（树龄约 60 年）的杰作，其他影响因素包括葡萄园地块的高质量，贝尔纳·格里帕（Bernard Gripa）与儿子法布里斯（Fabrice）的高超酿酒技艺，自然也不能忽略。

虽然现在（2017 年 7 月）尝起来已经非常可口，但这款酒还没到达适饮高峰，预计再放上 10 年表现会更出色。在等待它熟成的同时可以用贡德约（Condrieu）来解解渴，即下一杯要品尝的罗纳河美酒。

第17杯

贡德约：乔治·维尔纳酒庄，"帝国梯田"，
贡德约 2015, €€€€€

贡德约产区险峻的花岗岩陡坡上的梯田葡萄园，大概是你见过最叹为观止的农业奇迹。

这与中国云南或巴厘岛乌布德（Ubud）的水稻田有异曲同工之妙。这是一种结合了敬畏与内疚的心情，因为你无须自己建造、维持或耕种这些陡峭的农田。

最初决心驾驭这些陡峭丘陵并在此制作出可口葡萄酒的人，可能是想装满双耳细颈酒罐的罗马人，但让贡德约成为当代葡萄酒明星产区的幕后功臣，则是一位更近代的人。

在我写作之时（2017 年 5 月），乔治·维尔纳（Georges Vernay）已与世长辞了。之前我一直想要推荐他酿造的质量稳定的优良美酒，这时候才介绍令人感到有些难过。

乔治在该产区的名声，以及他只酿造这些梯田葡萄园中的单一品种，为他赢得"维欧尼先生"（Mr. Viognier）的美誉。

D386 公路

贡德约

乔治·维尔纳酒庄

D28 公路

20 世纪 60 年代，当维欧尼在全球的种植面积仅剩 0.14 平方千米（且全在北罗纳河产区）之时，乔治决定开始更多地种植这种葡萄。由于维欧尼产量奇低，在贡德约耕种葡萄和酿造酒款又极费人力与金钱，这导致当时许多酒农放弃了维欧尼。

但乔治对这个香气扑鼻又独特的品种始终怀抱着信心，而该品种后来也确实在朗格多克——接着是加州——大受欢迎并广为种植，这才得以免于绝迹。

乔治·维尔纳
1926—2017

Domaine Georges Vernay

V

CONDRIEU
APPELLATION CONDRIEU CONTRÔLÉE

Les Terrasses de l'Empire

虽然，维欧尼始终称不上是时髦的品种——表现优良时太贵，便宜些的中等品质葡萄酒口感尝起来又略为扁塌——它最终捡回一"命"，不至于消失在葡萄酒世界中，有很大部分原因要归功于乔治的努力。

热爱北罗纳河产的这款扑香丰腴酒款的饮用者，应好好感谢乔治·维尔纳。

Sniff 的品饮笔记

香气扑鼻，充满水蜜桃、金银花、薄荷、茴香的香气，并佐以些许擦伤绿色植物的味道（想象自己在杂草丛生的花园或矮树丛中，试图劈开一条路前进，手中仅有一根粗棍子作为开路工具）。虽然这些香气已够引人入胜，但这款酒真正令人惊艳之处，是于口中所展现的魅力。它生气勃勃的酸度不只撑起了带有成熟核果调性的浓郁酒体，还为酒款带来紧致度与几分优雅。口感质地绵密而不黏腻，余韵怡人且风味绵长，久久不散。这是贡德约所产的酒款最优雅的一面，不同于平常经常见到的"丰腴"酒款，这款酒显得较为"纤细清瘦"。

解析

品饮笔记

维欧尼葡萄惹人喜爱之处在于其天生的扑鼻香气。不幸的是，这品种最理想的采收时段却非常短暂。

在维欧尼达到"完美成熟"状态的那几天，会展现出春日花卉和夏末水果的诱人香气，这足以让与众不同的维欧尼从含糖量众多的品种中脱颖而出。

过了那几天，葡萄的含糖量会开始飙升，酿成的酒便仅剩大量香气与高酒精度，酸度与活力却是令人失望地不见踪影。

这款酒在成熟果香与年轻的酸度之间所展现的平衡，都足以证明酒庄完美抓住了最佳采收时间。

这款酒轻巧的个性也源自酒庄在酿酒时所做的决定。当地许多酿酒业者会让酸度已经偏低的维欧尼进入乳酸转化（Malolactic Conversion，即 MLC，更多介绍请参见第 19 杯酒）的阶段。

虽然这能提升酒款的复杂度，带来如奶油般细致的质地，偶尔还会展现出坚果调性，却也导致酒款酸度降低，因为酸度偏高的苹果酸（malic acid）会在过程中转化成酸度较柔和的乳酸（lactic acid）。

这款酒没有展现出乳酸转换的个性，但确实有满覆口腔的绵密质地，证明这款酒曾与酵母渣浸泡（8个月左右），并于木桶中培养。

这款"帝国梯田"白葡萄酒的整体表现如此优良，难怪它这样可口。最好的酒通常会展现出高雅的调性，以及些许优雅的气质，只可惜有时候一些自视甚高的酿酒人会忘了这点与风土的重要。

维欧尼的浓郁香气确实常在第一次嗅闻时便清晰可见，最好的酒款通常也会伴以同样鲜明的个性，这杯酒在口中延续的调性，便是最佳证明。

北罗纳河推荐酒单

第 15 杯：埃米塔基红酒

1. 沙普蒂尔酒庄，"隐士"（M Chapoutier, 'L'Ermite'）€€€€€ +
2. 让-路易·沙夫酒庄（Domaine Jean-Louis Chave）€€€€€ +
3. 伊安·沙夫酒庄（Yann Chave）€€€€€ +
4. 嘉伯乐酒庄，"教堂"（Paul Jaboulet Aîné, 'La Chapelle'）€€€€€ +
5. 马克·苏莱酒庄，"格雷阿尔"（Marc Sorrel, 'Le Gréal'）€€€€€ +
6. 唐酒窖（Cave de Tain）€€€€€

第 16 杯：圣佩莱

1. 伊夫·屈耶龙酒庄，"勒塞赫"（Yves Cuilleron, 'Les Cerfs'）€€€
2. 隧道酒庄（Domaine du Tunnel）€€€
3. 弗朗索瓦·维拉尔酒庄，"长版本"（François Villard, 'Version Longue'）€€€
4. 伯爵酒庄，"库索尔之花"（Alain Voge, 'Fleur de Crussol'）€€€

第 17 杯：贡德约

1. 安德烈·佩莱酒庄，"香颂庄园"（André Perret, 'Clos Chanson'）€€€€
2. 伊夫·屈耶龙酒庄，"雷沙耶"（Yves Cuilleron, 'Les Chaillets'）€€€€€
3. 吉佳尔酒庄，"拉多里阿那"（Guigal, 'La Doriane'）€€€€€ +
4. 勒内·罗斯坦酒庄，"波奈特"（René Rostaing, 'La Bonnette'）€€€€€ +
5. 斯蒂芬·蒙台酒庄，"夏耶"（Stéphane Montez, 'Les Grands Chaillées'）€€€

技术篇 2
有机／生物动力法

有机

本书介绍的酒款,有不少是以有机或生物动力农法酿成,其中一些酿酒业者会在自家网站中明示,但也有不在乎大众看法的酒庄,虽然使用有机农法种植或酿酒,却不会为了证明自己的信念特别去申请认证。

对于某些消费者而言,不施行有机农法意味着使用合成杀菌药剂、杀虫剂与肥料等,不利于自然环境的可持续发展。但要许多业者戒除使用这些有效"工具"的习惯,还真是难上加难。*

为什么?

首先,如今传播最广也衍生出最多问题的三大霉菌或病原体中,有两者源自北美东岸,即白粉病(powdery mildew)与霜霉病。19 世纪时,这两种霉菌意外传播到欧洲,然而欧洲葡萄(Vitis Vinifera)——即本书中介绍的所有酿酒品种,却没有发展出能抵抗这些病菌的能力。由于潮湿是传播或滋生这两种霉菌最关键的要素,因此,在葡萄园内维持开放式的树冠以便通风和干燥,可以说是所有酒农最重视的任务(如同第 50 页"葡萄园之中:树冠管理"所提及)。

也难怪,面对这些霉病可能带来的葡萄产量流失、果实质量降低,以致酒款质量跟着下降(更不用提酒庄可能因此面临的经济困境),许多业者转而使用农用化学品,希望能根除霉病。

事实上，绝大多数秉着良心酿酒的从业者在力图酿出最佳酒款的同时，也完全理解尊重土地的重要性；我相信本书提及的酿制 33 款酒的从业者都是如此。虽然葡萄园是连作生产，本书的许多酿酒业者的耕作都成功地实现了与当地的动植物种群共生。然而，想达到这个目的，酒农需要随时保持警戒，并花上许多时间照顾土地才行。

想喝"可持续发展"的葡萄园所酿的酒，也希望从业者对环境保护更加重视，自然要付出更多钞票；你不应该抗议一瓶环境友好的"好酒"要价至少 10 欧元。

生物动力法

如同看待许多没有科学根据的事物一样，许多人认为生物动力法不过是无稽之谈。生物动力法源自鲁道夫·史坦纳（Rudolph Steiner）的论述与指导，其建议酒农参考阴历的特定时间，将以顺势疗法种植并制作的药草（草本茶）和液态粪肥（法语为 purin）施于葡萄树和土地上。我在品尝这样培育的葡萄所酿的酒后发现，许多以生物动力法酿出的葡萄酒确实非常优秀。我无从得知这个方法是否真的管用，还是因为这些从业者多半非常注意保护土地，就好像我总是能够察觉哪些人在 8 月 22 日至 9 月 22 日之间出生一样（处女座），也许有些事就是难以明述。

要找以生物动力法酿的葡萄酒，不妨注意酒标上是否有这些标示。颁发这些标志的都是认证生物动力法的权威机构。

ECOCERT 可能是有机葡萄酒酒标上最常见的认证机构标志。

*注：有机与生物动力农耕法都可以使用以天然元素制成的喷剂，如铜与硫。但错误使用这些喷剂或使用过量（特别是铜），则可能破坏甚至毒害当地环境与土壤。

博若莱 Beaujolais

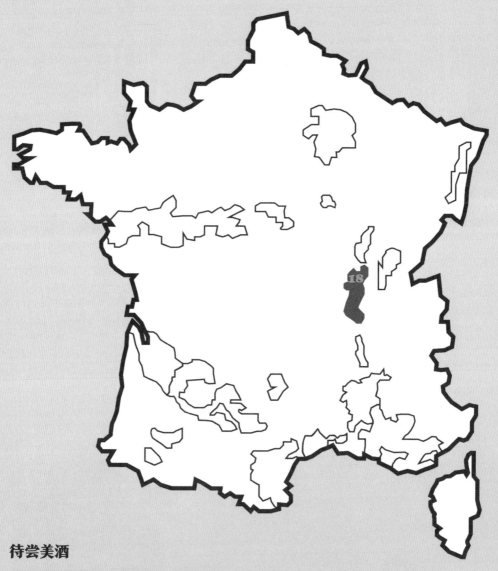

待尝美酒

18. 花坊：拉法热 – 维尔酒庄，维尔纳园，花坊 2014 (Domaine Lafarge-Vial, Clos de Vernay, Fleurie 2014)

博若莱最倒霉的事，就是坐落于全球最知名的两个产区之间。其南边有北罗纳河，北边则是勃艮第，导致了这个景致美丽的坡地产区总是不被当成一回事，成了劣质酒的供应地而非美酒产区。

勃艮第

博若莱

北罗纳河

花坊

事实上，比起勃艮第与北罗纳河的主要品种（高贵的黑皮诺与西拉），博若莱的主要品种佳美（Gamay）确实比较像是市井小民而非贵族。它既没有皮诺芳香，也没有西拉诱人，但这却不代表佳美不是超群的品种。

博若莱北边的土壤以花岗岩和片岩为主。生长在这种贫瘠又会抑制葡萄生长力的土地时，佳美葡萄常能展现出优异的一面，被酿成既芳香又诱人的酒款，正如同博若莱的两个"邻居"所酿出的美酒一般。

况且将博若莱平庸的名声怪罪于佳美，确实低估了博若莱新酒（Beaujolais Nouveau）对北部丘陵等较优秀特级村庄酒款所造成的"伤害"。

博若莱还有类似的困扰。无论价格、酿酒或营销，博若莱新酒都很平易近人，但这却导致许多人误以为这就是博若莱的全部。事实则不然，我们的第18杯酒即将证实这一点。

第18杯

花坊：拉法热 - 维尔酒庄，维尔纳园，花坊 2014, €€€€

提到拉法热，想到的多半是勃艮第博纳丘（Côte de Beaune）优雅的沃尔奈（Volnay）美酒，但弗雷德里克·拉法热（Frédéric Lafarge）与妻子尚塔尔（Chantal，娘家姓 Vial）一直希望能创造一个属于夫妻俩的酒庄，拉法热·维尔（Lafarge-Vial）便因此诞生于花坊特级村庄。

决定介绍这家年轻酒庄（首个年份为 2014 年）时，我很清楚有些人可能会感到纳闷，这种新贵酒庄能否真实地表现出花坊这类历史产区的风貌。

简单来说，酒庄占地 13000 平方米的维尔纳葡萄园方位朝东南，土壤以贫瘠的花岗岩为主，约莫 40 年树龄的葡萄藤可不是每个新兴酒庄都有的，而这对于酿成美味酒款自然有莫大的帮助。

正如弗雷德里克的父亲迈克尔（Michel）在家乡沃尔奈的酒庄酿造了超过 35 个年份的葡萄酒一般，不得不说，弗雷德里克与尚塔尔虽然初来乍到，但他们对如何酿出伟大好酒却非门外汉。

就很多方面而言，沃尔奈高雅多香的特质就犹如科尔多省（Cote d'Or）的花坊。弗雷德里克一贯细致的酿酒手艺，更充分展现出了这座葡萄园的花香调性，让花坊与沃尔奈展现了更多的相似之处。

Sniff 的品饮笔记

酒呈淡紫色，牡丹和鸢尾花的香气让饮用者很快对这款酒产生兴趣。入口后立刻感受到的是一股清爽的红果调性，风味浓郁集中，又掺杂了点胡椒味。这款酒活力十足，展现了葡萄酒应该有的特质：既能解渴又引人入胜。正如佳美所应该要有的特质，这款酒的单宁虽柔顺，却足以支撑起酒款，利于未来 3 到 5 年风味继续发展。不过扪心自问，现在尝起来已如此可口的酒，何必再等待呢？

解析

品饮笔记

由于佳美葡萄皮薄，以传统方式酿造时，鲜少会酿出色深浓郁的酒。

这在希露柏勒（Chiroubles）、圣爱（St. Amour）、蕾妮耶（Régnié）以及花坊等以酿造风格清淡闻名的特级村庄中尤为常见。因为皮薄，单宁量较少，酒款的口感自然较为细致柔顺。

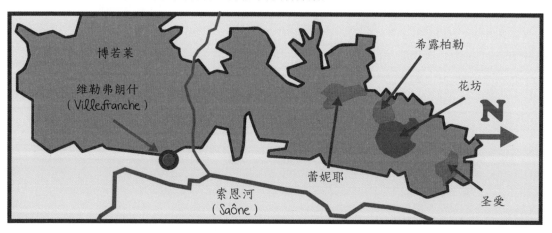

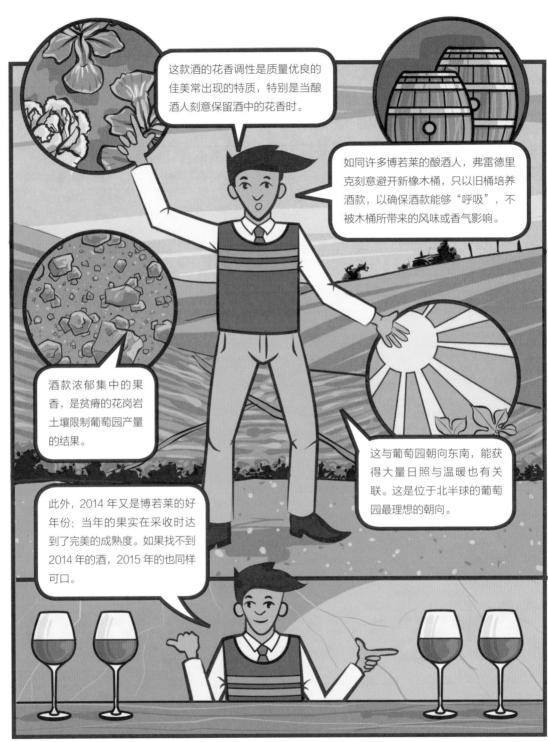

决定这款酒何时适饮，完全是个人选择，无对错之分。如果你喜爱生气勃勃且味道鲜明的花坊，不妨于接下来几年（我下笔时是 2017 年 4 月）享用这款酒。如果你偏好带点咸鲜滋味和干燥花香的花坊，这款酒同样能满足你的需求，前提是要有耐性，但建议你别碰运气，记得在 2022 年前饮毕。

博若莱推荐酒单

第 18 杯（针对博若莱，我不特别区分特级村庄或村庄级的酒款）

1. 路易·拉图酒庄，"博若莱村庄"（Louis Jadot, 'Beaujolais-Villages'）€€
2. 保罗·布兰酒庄，风磨，"特罗朗"（Jean Paul Brun, Moulin-a-Vent, 'Les Thorins'）€€€
3. 拉布吕耶酒庄，风磨，"风磨园"（Domaine Labruyère, Moulin-a-Vent, 'Clos du Moulin-a-Vent'）€€€
4. 保罗·雅兰酒庄，风磨，"白杨葡萄园"
（Domaine Paul Janin, Moulin-a-Vent, 'Les Vignes du Tremblay'）€€
5. 弗雅尔酒庄酒庄，花坊（Jean Foillard, Fleurie）€€
6. 伊冯·梅特拉酒庄，花坊，"春天"（Yvon Métras, Fleurie, 'Le Printemps'）€€€
7. 雅克城堡酒庄，墨贡，"皮依丘"（Château des Jacques, Morgon, 'Côte du Py'）€€€
8. 让马克·伯格酒庄，墨贡，"皮依丘"（Domaine Jean-Marc Burgaud, Morgon, 'Côte du Py'）€€
9. 谜歌达酒庄，墨贡，"科尔斯莱特"（Domaine Mee Godard, Morgon, 'Corcelette'）€€
10. 希威酒庄，布鲁依山坡，"扎夏利"（Château Thivin, Côte de Brouilly, 'Cuvée Zaccharie'）€€€€

勃艮第 Burgundy

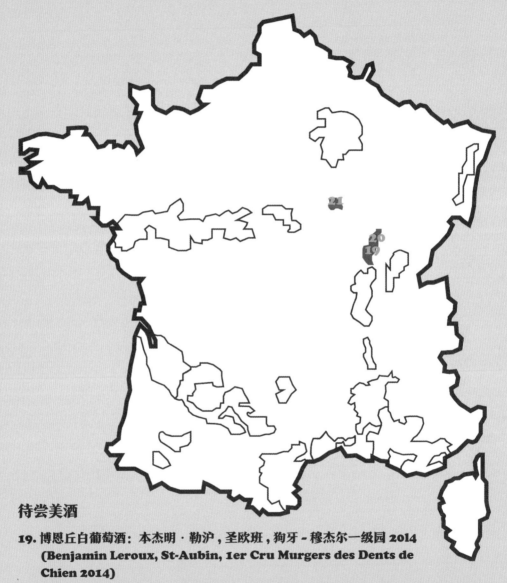

待尝美酒

19. 博恩丘白葡萄酒：本杰明·勒沪，圣欧班，狗牙 - 穆杰尔一级园 2014 (Benjamin Leroux, St-Aubin, 1er Cru Murgers des Dents de Chien 2014)

20. 夜丘红酒：吉伯格酒庄，纽伊 - 圣 - 乔治，凯诺一级园 2012 (Domaine Georges Mugneret-Gibourg, Nuits-Saint-Georges, 1er Cru Les Chaignots 2012)

21. 夏布利：比约西蒙酒庄，夏布利一级田，托奈尔坡 2014 (Domaine Billaud-Simon, Chablis 1er Cru, Montée de Tonnerre 2014)

全世界没有任何单一产区像勃艮第般如此受到崇敬与景仰，并拥有不断累积和成长的全球粉丝群。

这不是一个面积特别大的产区，以第戎（Dijon）为中心——如果把既遥远又独特的夏布利（Chablis）周边产区也纳入——勃艮第从最北界到与博若莱接壤的最南端，总长不过 135 千米。

它也是个狭窄的产区，最出名的葡萄园坐落于坡地东面，能够获得大量日照。以纬度偏北的勃艮第而言，葡萄园坐落于能够获得大量日照的位置，对葡萄的成熟至关重要。

往夏布利

伯恩
（Beaune）

第戎

■ 勃艮第
■ 博若莱

那么，这个产区最优异的酒为什么会如此受到崇敬呢？因为当你选对酒时，勃艮第的霞多丽（Chardonnay）与黑皮诺会是你所喝过最棒的。

时机是勃艮第最大的赌注。任何豪赌者、投机客或探险家，都难以抗拒这种待发掘财富的允诺。*

那些跨越勃艮第过往与现今的传奇酒款和酿酒业者，往往能让勃艮第葡萄酒爱好者付出巨额代价，以换取这样的承诺。

他们盼望的是什么？自然是软木塞下如同爱马仕丝巾一般丝滑的佳酿：那细致如丝缎般的口感轻抚着口腔，独特且奢华，还有着绵延不断的芬芳香气。

*译注：作者指的是酒款的陈年潜力（也可能包含陈年后价格水涨船高的投资潜力），即下两段内容。

115

然而由于当地葡萄园拥有权极为零散，风土又非常多元，这些爱好者的"盼望"并不总能够实现。

例如，最有名的村庄哲维瑞-香贝丹（Gevrey-Chambertin）就有 8 个特级葡萄园（Grand Cru），若把马卓耶-香贝丹（Mazoyères-Chambertin）与夏姆-香贝丹（Charmes-Chambertin）分开算则有 9 个，另有 26 个一级葡萄园（Premier Cru ／ 1er Cru），及多达 65 个法国称之为"留地"（Lieux-Dits）的个别地块。这些地块虽然不全都有官方认证，但通常被视为独特地块，其名称常与村庄名一同出现在酒标上。

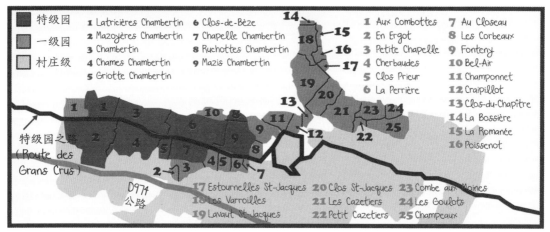

这让消费者能够以哲维瑞-香贝丹为主题品饮，分别品尝村庄内多达 100 个来自不同地块的酒款风味。让情况更复杂的是，由于当地鲜有从业者独占一块地，这种地块称为独占园（monopoly），因此消费者事实上可以品尝到的酒款远超过 100 款。举例来说，由于香贝丹园（Chambertin）分别由 20 家不同的从业者所拥有，理论上，你可以品尝到 20 种不同诠释香贝丹风土的酒款。

你只需要选定一个价位区间，尝试来自不同村庄与酿酒业者的酒款。通过品饮，你自然会建立起自己对勃艮第的看法，而这观感也会随着时间而愈发具象，并让你受益良多。

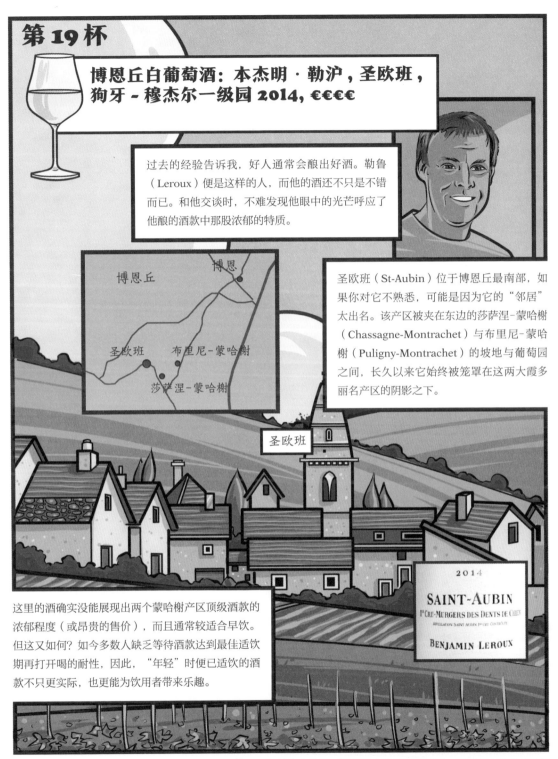

第 19 杯

博恩丘白葡萄酒：本杰明·勒沪，圣欧班，狗牙 - 穆杰尔一级园 2014, €€€€

过去的经验告诉我，好人通常会酿出好酒。勒鲁（Leroux）便是这样的人，而他的酒还不只是不错而已。和他交谈时，不难发现他眼中的光芒呼应了他酿的酒款中那股浓郁的特质。

博恩丘   博恩

圣欧班   布里尼-蒙哈榭

莎萨涅-蒙哈榭

圣欧班（St-Aubin）位于博恩丘最南部，如果你对它不熟悉，可能是因为它的"邻居"太出名。该产区被夹在东边的莎萨涅-蒙哈榭（Chassagne-Montrachet）与布里尼-蒙哈榭（Puligny-Montrachet）的坡地与葡萄园之间，长久以来它始终被笼罩在这两大霞多丽名产区的阴影之下。

圣欧班

这里的酒确实没能展现出两个蒙哈榭产区顶级酒款的浓郁程度（或昂贵的售价），而且通常较适合早饮。但这又如何？如今多数人缺乏等待酒款达到最佳适饮期再打开喝的耐性，因此，"年轻"时便已适饮的酒款不只更实际，也更能为饮用者带来乐趣。

2014
SAINT-AUBIN
1ᵉ CRU·MURGERS DES DENTS DE CHIEN
APPELLATION SAINT AUBIN 1ᵉ CRU CONTRÔLÉE
BENJAMIN LEROUX

而这款狗牙-穆杰尔园（Murgers des Dents de Chien）所出产的酒正好兼具上述的两种特质：既是现在尝起来已经很可口的昂贵酒款，也具有继续窖藏的紧致度和活力，是能大大奖励有自制力与耐心饮用者的类型。

Sniff 的品饮笔记

具有令人印象深刻且引人入胜的香气，此时发展出的是酵母渣味及乳脂香的调性，另有些许香草和坚果味。当它与空气稍微接触后，便出现橘子、酸浆果和黄苹果等果味，叠加在乳制品味和烘焙味之上。品饮时滋味充满口腔，果味的丰裕程度和一股明亮的酸度相平衡，后者为酒款增添了高雅与鲜活的调性。即便酒入喉后，其质地的触感与果香依旧在口中缭绕不散，这令你展颜微笑，更加认可这款酒的高质量。

解析

品饮笔记

乳脂及酵母渣的调性，无疑是因为酒款曾在木桶中与酵母渣额外培养而来（参见第 3 杯的解说）。

曾经过乳酸转化（简称 MLC）的酒，也会展现出这些香气（连同坚果香）。

如果酿酒人没有刻意阻止，绝大多数的酒款（无论红、白葡萄酒）都会自然经历这个过程。简单来说，这就是活菌将酒中较强劲的苹果酸转化成较为柔和的乳酸的过程。

乳酸转换不只软化了口中酸度的感受，更会为酒款增添一些香气，如奶油或（以这款酒而言）坚果的香气。至于混酿过程中有多少经历了乳酸转换的酒款要加入未经乳酸转换的酒款调配，则考验着酿酒人的技艺。

任何酿酒人想达到的目标，无非是酿出酸度、风味与酒体皆达理想平衡点的最佳酒款。勒鲁认为2014年份的酒酸度够高，因此禁得起百分之百的乳酸转化。

在用桶方面，勒鲁也采取类似的做法。2014年的酒款中，仅有六分之一是以新橡木桶培养，混酿后的酒款自然如我们于杯中所见，香草调性显得较为细致内敛。

甜美的柑橘、橙子、酸浆果味与成熟苹果的调性，是典型的霞多丽风味，而这风格又以博恩丘的霞多丽尤甚。酒款浓郁的程度与丰裕的调性伴以鲜活度，则是圣欧班表现最佳的酒款才有的特色。

这个年份的气候也帮了不少忙。2014年的葡萄既成熟、个性又鲜明，而种植在如狗牙-穆杰尔园的优质地块，年份个性自然更加明显。但这块葡萄园有何特殊之处？

2014

第20杯

夜丘红酒：吉伯格酒庄，纽伊-圣-乔治，凯诺一级园 2012, €€€€€ +

不管你要找的是霞多丽或黑皮诺，在名称取得非常适切的金丘产区里，拥有选择多到令人眼花缭乱的酒款。

但要选出一瓶代表勃艮第的皮诺，这杯酒展现出黑皮诺爱好者赞不绝口的香气特性。

它还必须带有一些劲道，因为这能够支撑起秀丽酒体的骨架，这也正是让勃艮第的黑皮诺葡萄被誉为全球顶尖黑皮诺的原因。过去，我对这种品种在全球的表现多有批评。

细看许多来自其他产区的黑皮诺，会发现它们过于奔放的果味像是舞台浓妆一般，远观还算美丽，近看时才发现完全没有细致度可言。不过，第20杯酒完全没有这类问题。

第戎

纽伊-圣-乔治

博恩

从圣欧班向北往纽伊-圣-乔治（Nuits-Saint-Georges）的路既短又美。若取道纵贯丘陵地的 D973 公路，会经过奥克赛-度莱斯（Auxey-Duresses）与蒙特里（Monthélie）两个小村庄。绕过莫索（Meursault）外围，便来到相邻的沃尔奈村与勃马赫（Pommard），接着则是美丽的小镇博恩（Beaune）：这里是驻足停留享受午餐的完美地点。

纽伊-圣-乔治

离开博恩后，你会在视线左侧看到科通（Corton）的丘陵地，再过十分钟左右便会来到纽伊-圣-乔治，即夜丘（Côte de Nuits）产区的第一站。

Sniff 的品饮笔记

与其他黑皮诺葡萄酒相比，这款酒酒色偏深，香气浓郁有劲，展现出令人口颊生津的覆盆子与樱桃干的味道，并佐以浓郁扑鼻的紫罗兰和鸢尾花香，另外带点肉桂和甘草的香料风味，这为酒款增添了更多层次感与特别的香气。香气虽已令人赞叹，但凸显这款酒高质量之处却是它复杂高雅的口感。单宁非常细致，几乎带有粉状质地，虽然能抓住口腔，质地却非常甜美柔顺。风味清爽精准，酸度为果味增添一股多汁的口感，这增加了酒体的流畅度，余韵则非常令人满足，风味极为绵长。这是一款极为可口的酒，唯一要注意的是，如果陈放，让风味继续发展，整体的风味与浓郁程度肯定会更上一层楼，品尝它无疑是怡人的享受。

酒色呈深紫红是多项因素造成的，部分是酿酒人的选择，部分则是当年份的表现所致。

解析
品饮笔记

首先，凯诺是个方位朝东的陡坡葡萄园，葡萄质量甚佳，最年轻的葡萄树也至少有 40 年的树龄。

方位朝东有助于葡萄在日出时便能接受大量日照，进而达到良好而完整的成熟度。但 2012 年由于春季天冷，葡萄开花不良，大量饥饿的毛毛虫吃掉了葡萄芽，使得产量偏少。

但如同我们在第 2 杯酒学到的，抑制产量有助于提升酿成酒款的浓郁度，因为葡萄树能将所有"精力"投在所剩不多的果串上。

这款酒惊人的香气背后有许多原因，虽然难以精准判定，但我会试着分析。

首先，黑皮诺酿成的酒原本便具有非常芬芳的香气，如果葡萄能在合适的气候中舒适地成熟，会更有助于展现出复杂的香气。

我品尝过来自加州洛代（Lodi）产区的黑皮诺，它们足以说明该品种在成长季遭遇高温时所酿出的酒款香气会发生何种变化。

由于身处炎热的地中海型气候，洛代产区向来以酒体宏大、特色鲜明且美丽的仙粉黛（Zinfandel）和小西拉（Petite Sirah）品种出名，而非天生柔软轻盈的皮诺。对我而言，品尝这里的皮诺虽然也是种享受，却不像正宗皮诺一样美味。这里的皮诺缺乏花香，既没有清爽有劲的红果香、樱桃或覆盆子等香气，也没有鲜明锐利的酸度或质地细致的单宁。在炎热的气候中成长的皮诺，风味像是从天堂打入凡间，高雅的个性俨然像是被"煮熟"了，而不见踪影。

勃艮第最好的葡萄园，也就是够格被称为特级或一级园的地块，几乎都坐落于坡地中段。由于雨水会随着坡度往下流而不至于囤积在土壤内，因此坡地中段土壤较温暖，有助于葡萄成熟。

因距离大型水体较远而不受影响的产区，多半为大陆型气候。这里的气候较干燥，夜晚寒冷，不但有助于保留果实的酸度与香气，也有利于累积且发展出高雅的单宁质地。

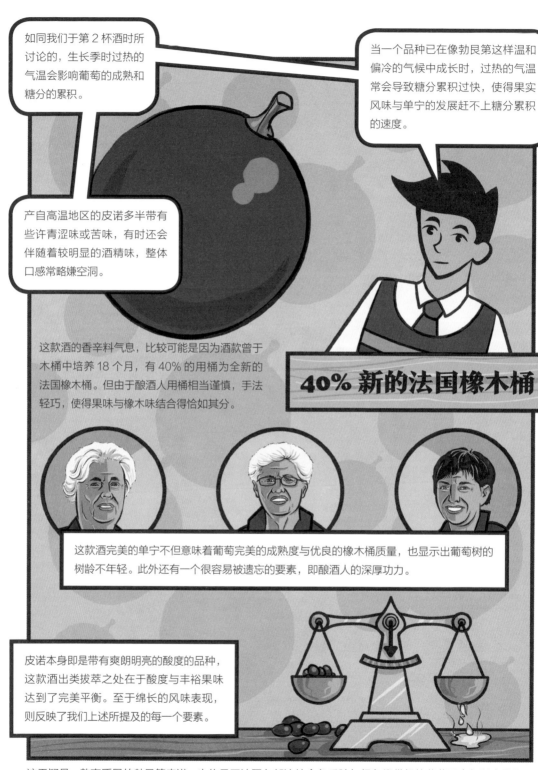

如同我们于第 2 杯酒时所讨论的，生长季时过热的气温会影响葡萄的成熟和糖分的累积。

当一个品种已在像勃艮第这样温和偏冷的气候中成长时，过热的气温常会导致糖分累积过快，使得果实风味与单宁的发展赶不上糖分累积的速度。

产自高温地区的皮诺多半带有些许青涩味或苦味，有时还会伴随着较明显的酒精味，整体口感常略嫌空洞。

这款酒的香辛料气息，比较可能是因为酒款曾于木桶中培养 18 个月，有 40% 的用桶为全新的法国橡木桶。但由于酿酒人用桶相当谨慎，手法轻巧，使得果味与橡木味结合得恰如其分。

40% 新的法国橡木桶

这款酒完美的单宁不但意味着葡萄完美的成熟度与优良的橡木桶质量，也显示出葡萄树的树龄不年轻。此外还有一个很容易被遗忘的要素，即酿酒人的深厚功力。

皮诺本身即是带有爽朗明亮的酸度的品种，这款酒出类拔萃之处在于酸度与丰裕果味达到了完美平衡。至于绵长的风味表现，则反映了我们上述所提及的每一个要素。

这无疑是一款高质量的勃艮第皮诺，也传承了法国东部这片金色丘陵与绿色缎带般的葡萄园多年以来的优秀传统，足以成为这个品种的代表产地。

第21杯

夏布利：比约西蒙酒庄，
夏布利一级田，托奈尔坡
2014, €€€

勃艮第的最后一杯酒，将我们带到该产区最北境：夏布利。

由于距离第戎或博恩要比卢瓦尔河中央地方（Central Vineyards）的桑塞尔（Sancerre）产区更远，夏布利可以说和勃艮第其他产区截然不同，而且还以这种不同为傲。

D91公路
夏布利
D965公路
桑塞尔109千米
博恩137千米
第戎139千米

夏布利

这显而易见的自信来自瑟兰河（Serein）河畔的独特的霞多丽葡萄。全世界没有其他产区能以这高贵的品种打造出如此精准"刻画"的冷气候的美酒。

这里的霞多丽葡萄酒架构优良，口感紧致（表现最差的酒款则风格青涩），最优良的酒款在年轻时口感多半相当紧实甚至有些让人难以接受，但其风味之集中，能在你将它咽下肚之前便紧紧抓住你的注意力。

Sniff 的品饮笔记

这款酒闻起来就很"冷"。青柠、柠檬皮、大黄与烤苹果香，是最先出现的香气。再闻又可以发现些许烘焙点心味儿，由烤苹果的香气延伸成如反转苹果挞这类更浓郁复杂的香气。要说酒款所用的葡萄因种植在富含海洋生物化石与潮池遍布的土壤中而展现出牡蛎壳和碘的味道，听起来也许有点异想天开，但事实上确实是如此。这款酒的酸度如刀一般在口中"切"开，不但能够冲刷味蕾，更让酒款显得活力十足。整体而言，这款酒口感紧致，风味集中，像是肌肉鲜明的运动员，不但架构优良，更是清透无比，似乎没有一丝多余的脂肪隐于其内。

CHABLIS PREMIER CRU
MONTÉE DE TONNERRE

这款酒的柑橘与苹果香气正是低温生长的霞多丽的典型表现。来自较热产区的霞多丽多有油桃、水蜜桃和香瓜调性。怡人的甜美的烘焙风味，是酒款与酵母渣在不锈钢桶槽中培养近 18 个月的成果。

解析
品饮笔记

托奈尔坡

D965 公路

酒款细致但鲜活的酸度与紧致度，同样源自勉强能让葡萄成熟的低温气候。这款酒的葡萄来自瑟兰河右岸，和该村特级园中 7 个不同的克里玛（Climat）仅隔了一小段距离。

托奈尔坡（Montée de Tonnerre）位处夏布利最完美的风土地带，坐北朝南，有利于葡萄成熟，又有海洋生物化石经过层层挤压形成的基米里支阶（Kimmeridgian）土壤，这让霞多丽能够获得充足氧分，得以茁壮成长。

酒中的白垩味、盐味与牡蛎壳气味是否源自土壤？这是很难回答的问题。葡萄酒的气味鲜少和种植所用葡萄的土壤相同，然而有一些酒的味道确实会令人联想到种植它们的土地。这可不只是浪漫的幻想而已。让酒款展现出土壤风味最有可能的因素要属气候，另外还有这种气候为酒款带来的高酸度。

一般来说，低酸度的酒款鲜少会有这款酒的咸味或类似矿物的味道，不过，这就是葡萄酒的魔力：不是所有香气和成分都能清楚地解释或复制。

葡萄酒终究是农产品，就算我们并非总能察觉其香气、风味与质地究竟受生长环境中哪个环节影响，葡萄酒也会在某种程度上反映出其所用的葡萄生长的环境。

最后，若不仔细品尝，可能会漏掉这款酒集中的果味。好的夏布利酒不会华而不实，而是充满了存在感，正如同这款来自葡萄园方位朝南的夏布利白葡萄酒，可以明显地感受到其果味的深度。这风味在口中绵延不断，如探照灯一般明亮集中，且令人印象深刻，它是款值得细细品尝的酒。

勃艮第推荐酒单

由于其量少、质佳，又受欢迎，许多勃艮第葡萄酒价格水涨船高，高到令人咋舌，因此下列酒单中刻意不选博恩或夜丘的特级园酒款，高登-查里曼（Corton-Charlemagne）除外。同样地，我也刻意不选最有名或最昂贵的酿酒业者的作品。如果你预算够多，能够享受由名庄酿的酒，那老天爷对你肯定不错，请好好享用。

第 19 杯：博恩白葡萄酒

1. 德贝兰酒庄，桑得内，"夏尔姆·德苏"
（Domaine de Bellene, Santenay, 'Les Charmes Dessus'）€€€

2. 马克·柯林酒庄，莎萨涅·蒙哈榭，"榭勒沃特一级园"（Marc Colin, Chassagne Montrachet, 1er Cru 'Les Chenevottes'）€€€€€ +

3. 埃尔伊夫酒庄，莎萨涅·蒙哈榭，"卡依莱"（Pierre-Yves Colin Morey, Chassagne Montrachet, 1er Cru 'Cailleret'）€€€€€ +

4. 玉贝·拉美酒庄，圣-欧班，"瑞米莉一级园"（Hubert Lamy, St-Aubin, 1er Cru 'En Remilly'）€€€€€

5. 勒弗莱酒庄，布里尼·蒙哈榭一级园，"少女园"（Domaine Leflaive, Puligny Montrachet 1er Cru, 'Les Pucelles'）€€€€€ +

6. 伊蒂安·苏塞酒庄，布里尼·蒙哈榭（Etienne Sauzet, Puligny Montrachet）€€€€€

7. 路易雅铎酒庄，莫索一级园，"热内弗里埃"（Louis Jadot, Meursault 1er Cru, 'Les Genevrières'）€€€€ +

8. 克时度里酒庄，莫索一级园，"普里那"（Domaine Coche Dury, Meursault 1er Cru, 'Perrières'）€€€€€ +

9. 西蒙·比兹酒庄，萨维涅-勒-伯恩一级园，"欧维基莱斯"（Simon Bize, Savigny-Lès-Beaune 1er Cru 'Aux Vergelesses'）€€€€€

10. 香颂酒庄，科通-沙勒马涅特级园（Chanson, Corton-Charlemagne Grand Cru）€€€€€ +

第 20 杯：夜丘红酒

1. 吉大调园：纽伊-圣-乔治，"布多"一级园（Jean Grivot, Nuits-St-Georges, 1er Cru 'Aux Boudots'）€€€€€ +

2. 伯纳德·杜加-皮酒庄，沃恩·罗曼尼，"老藤"（Domaine Bernard Dugat-Py, Vosne Romanée, 'Vieilles Vignes'）€€€€€ +

3. 哲拉·米聂黑酒庄，沃恩·罗曼尼（Domaine Gérard Mugneret, Vosne Romanée）€€€€€ +

4. 安娜·格罗酒庄，武乔特级酒庄，"武乔园"（Domaine Anne Gros, Vougeot Grand Cru, 'Clos de Vougeot'）€€€€€ +

5. 富丽埃尔酒庄，香波米西尼，"老藤"（Domaine Fourrier, Chambolle Musigny, 'Vieille Vigne'）€€€€€ +

6. 杜雅克酒庄，莫雷-圣-德尼（Domaine Dujac, Morey-St-Denis）€€€€€

7. 布鲁诺·克莱尔酒庄，哲维瑞·香贝丹，"圣-雅克"一级园（Bruno Clair, Gevrey Chambertin, 1er Cru 'Clos St-Jacques'）€€€€€ +

8. 玛尚·托斯酒庄，热弗雷·香贝丹，"佩里耶"一级园（Marchand-Tawse, Gevrey Chambertin, 1er Cru 'La Perrière'）€€€€€ +

9. 若利耶父子酒庄，菲科赞一级园，"佩里耶"一级园（Domaine Joliet Père et Fils, Fixin 1er Cru, 'Clos de la Perrière'）€€€€

10. 让·弗尼耶酒庄，玛桑尼，"埃歇佐"（Domaine Jean Fournier, Marsanny, 'Es Chezots'）€€€€

第 21 杯：夏布利

1. 米歇尔·科尔博酒庄，夏布利（Domaine Michel Colbois, Chablis）€€

2. 塞吉诺-波德酒庄，夏布利（Domaine Séguinot-Bordet, Chablis）€€

3. 萨姆维·比约酒庄，"中部山"一级园（Samuel Billaud, 1er Cru 'Mont de Milieu'）€€€

4. 威廉·费尔酒庄，"勒里"一级园（Domaine William Fèvre, 1er Cru 'Les Lys'）€€€

5. 丹尼尔·戴姆酒庄，"福雄"一级园（Domaine Daniel Dampt, 1er Cru 'Fourchaume'）€€€

6. 科琳娜·佩肖酒庄，"旁布谷"一级园（Domaine Corinne Perchaud, 1er Cru 'Vaucoupin'）€€€

7. 富瑞酒庄，"莱榭丘"一级园（Domaine Fourrey, 1er Cru 'Côte de Léchet'）€€

8. 让-保罗和伯努瓦·杜瓦安酒庄，"渥玳日尔"特级园（Jean-Paul et Benoit Droin, Grand Cru 'Vaudésir'）€€€

9. 隆-德帕奇酒庄，"科洛"特级园（Domaine Long-Depaquit, Grand Cru 'Le Clos'）€€€€€

10. 路易·莫罗酒庄，"瓦尔密"特级园（Domaine Louis Moreau, Grand Cru 'Valmur'）€€€€€

汝拉 Jura

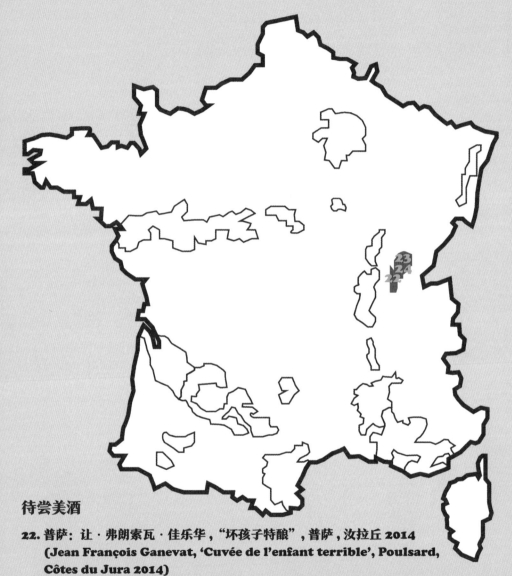

待尝美酒

22. 普萨：让·弗朗索瓦·佳乐华，"坏孩子特酿"，普萨，汝拉丘 2014
   (Jean François Ganevat, 'Cuvée de l'enfant terrible', Poulsard,
   Côtes du Jura 2014)

23. 霞多丽：安德烈和米爱伊·天梭酒庄，"古龙塔园地"，霞多丽，阿尔布瓦 2012
   (Domaine André et Mireille Tissot, ' La Tour de Curon, Le Clos',
   Chardonnay, Arbois 2012)

24. 沙龙堡：玛珂酒庄，沙龙堡酒庄 2006 (Domaine Macle, Château Chalon 2006)

在勃艮第以东，前往法瑞边境的路上会经过一个小巧完美的田园小镇，这里是汝拉葡萄酒的家乡。

第戎

汝拉

里昂（Lyon）

瑞士

日内瓦

这里的酒款鲜少出现在世界各地的商店内，原因有二：

首先，汝拉产量极小，当地葡萄园仅 20 平方千米，酒农不过 400 位，这使得汝拉的酿酒产业相当依赖"手作"。

汝拉最出名的白葡萄酒品种是长相思（Savagnin），它多半会令人联想到被称为黄葡萄酒（Vin Jaune）的酒款风格。这有点像是优质的菲诺（Fino）雪莉葡萄酒，但其酸度更高（价格也更高）。

其次，绝大多数此地酿造的酒款，都不是大众所熟悉的葡萄酒类型。

我个人认为，这类酒款散发出的浓郁咸面团与碰坏的苹果风味，足以令人流下渴望的涎水。

阿尔布瓦（Arbois）

不过，开始接触这类酒款时，习惯较内敛风格的饮用者可能会觉得它们的浓郁程度有些难以招架。

当地种植最广泛的黑葡萄品种是普萨（Poulsard），由于该品种酒色与单宁皆浅淡，与其用来酿酒体丰裕的红酒，更适合酿造个性"扎实"的桃红葡萄酒。

酒的风格独特固然好，对于实际卖酒而言却有诸多限制。所幸一旦尝过，许多消费者就会转为法国东部这个边缘产区的忠实粉丝。

第22杯

普萨：让·弗朗索瓦·佳乐华，"坏孩子特酿"，普萨，汝拉丘2014, €€€

普萨

长相思

特卢（Trousseau）

如果说波尔多庄严，香槟富有魅力，勃艮第充满内敛精致的气息，那么汝拉也许是古怪而奇特吧！相比法国其他产区，汝拉向来突兀，酿酒葡萄品种不但是其他地区见不到的品种，就连酿酒人也毫不在意国际上流行的风格，只专注于追求实现自己的风格。

当然，只要时间够久任何事物都有机会站上流行尖端，而汝拉独特的个性，如今正是众人注目的焦点，特别是那些追求不寻常酒款的饮用者。

侍酒师永远在寻找质量杰出又独特的酒款，期待能为自家酒单增添亮点，凸显其独特之处。然而真正让汝拉酒款受到注目的原因，是寻找独特风格及手作酒款的动力，"自然酒运动"正是其一。

在所有以自然方式打造手作且独特酒款的酿酒师之中，让·弗朗索瓦·佳乐华（Jean François Ganevet）无疑是最杰出的一位。

他在酒庄里占地约80000平方米的葡萄园内，酿出多款产量稀少但分别表现出单一品种、地块或不同风格的酒款。每一款酒都有自己的"声音"，并展现出了独一无二的特性。

我们接下来要品尝的这杯酒之所以如此易饮且令人享受，正是因为佳乐华的酿酒技术与所酿酒款的独特性。

Sniff 的品饮笔记

这款酒酒色浅淡但香气迷人，展现出温和气候地区的原野花香和红莓果香气，如玫瑰果糖浆与煮过的草莓。酒款的酸度明亮，但带有温和、柔软以及如同果皮般的单宁质地，虽然质地细致，却足以撑起这款漂亮的美酒。某些人可能会批评这款酒过于轻盈，像空气般缺乏实质感，事实上正是因为其细致不厚重的骨架它才如此可口又解渴。易饮理当是值得被嘉奖而非遭贬低的特质。

由于普萨天生薄皮，果实相对较大（增加无色果肉与有色果皮的比例），酿成的酒款通常酒色浅淡，单宁含量偏低。

果肉　　　　　果皮

单宁

解析

品饮笔记

普萨向来以奔放的香气著称，酿成的酒款多有花香与红果香气。这款酒之所以酸度明亮且新鲜，是因为葡萄白天时受到了种植气候属温和偏冷的大陆型气候的影响（近似勃艮第），夏天温暖而短暂，但能够提供充足的热能让葡萄成熟，夜晚温度低，有助于保留果实的香气与酸度。

至于酒体的分量——以这款酒而言偏轻巧。酒体的分量与酒款的酒精度和单宁含量有直接关联。

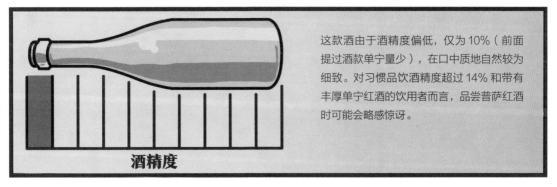

这款酒由于酒精度偏低，仅为 10%（前面提过酒款单宁量少），在口中质地自然较为细致。对习惯品饮酒精度超过 14% 和带有丰厚单宁红酒的饮用者而言，品尝普萨红酒时可能会略感惊讶。

酒精度

不过，品尝这杯酒所带来的影响相对小了许多。举例来说，在英国，每 1 单位的酒精度是 10 毫升的纯乙醇。

因此酒精度 14% 的葡萄酒约有 10.5 单位，这款普萨红酒仅有 7.5 单位，表示一杯 125 毫升的普萨葡萄酒仅有 1.25 单位的酒精，除了开车，这样的酒精量理论上是不会影响到午餐后的其他计划的。

佳乐华这款"坏孩子"堪称汝拉甚至于法国的标杆葡萄酒，它提醒了饮用者享受纯粹、新鲜、易饮葡萄酒的乐趣。

第23杯

霞多丽：安德烈和米爱伊·天梭酒庄，"古龙塔园地"，霞多丽，阿尔布瓦 2012，€€€€€ +

我原本打算介绍勃艮第特级园作为本书的酒款之一，直到参加了一场介绍这第 23 杯酒的品饮会后，就改变了计划。

对某些人而言，在汝拉产区选择介绍霞多丽似乎有些偏颇，毕竟这里可以说是勃艮第的后院，距离博恩丘仅一小时的车程，要为这高贵品种选出具代表意义的酒款，肯定是来自辉煌的科尔多省而非汝拉吧！

我的心在这场品饮会上彻底被这款酒掳获。它不但酿造优良，表现杰出，更是香气十足且多滋味，酒体风味均衡而复杂，既可口，余韵又绵长，而且还有一个特点：存在感强烈。我们都曾体验过当某人出现时，其存在感之强烈足以使得共处一室的他人稍嫌逊色的情形。可能是因为这种人魅力非比寻常又异常冷静，或纯粹是因为他们极具自信或富有权威性。不管原因为何，这样的人肯定异于常人。

这款霞多丽就有类似的气质。我是盲饮品尝这款酒的（只知道来自汝拉，其他信息一概不清楚），当我将鼻子伸进酒杯中探闻香气并品饮后……

同场其他酒款——几乎都是非常不错的酒——犹如伴娘，只能作为衬托这款如美丽新娘般好酒的配角。这就是为什么这款非勃艮第的霞多丽获选的原因，因为它既能够表现出品种与产区的特性，质量又相当优异。

Sniff 的品饮笔记

酒色呈深黄、偏金色，香气如同你喝过的最好井水的气味。这款酒带有石头、打火石的味道，尝起来清透可口，像雨后土壤的味道。明显而细致的矿物风味下，蕴含一股咸鲜及坚果的风味，余韵另有一股提升酒款轻盈感的柠檬油香气。香气已经令人兴奋不已，风味还更上一层楼。这款酒滋味集中浓郁，酸度高且尝起来有棱有角，劲道之强引人注意。同时，如闪电般锐利的酸度，则将丰裕到近乎炙热的风味紧紧锁住，一路延伸出风味深沉而令人满足的绵长余韵。

解析

品饮笔记

当一款酒展现出如此浓郁的矿物味与土壤调性，通常会难以判断酒款的出处。

不过，无论是葡萄园里或是酒庄内都能找到提示，这些提示足以回答这款美酒的风格来源。

如哨兵一般矗立于阿尔布瓦小镇里的古龙塔不远处，有一块以石墙（法文为 Le Clos）围起的葡萄园。斯特凡纳·天梭（Stéphane Tissot）始终深信，这块葡萄园的潜力无限。

斯特凡纳于 21 世纪初时重新整理这块葡萄园，并以被称为"马萨选种法"（selection massale）的方式，挑选出汝拉产区内最具代表性且表现最佳的霞多丽植株。

马萨选种法通常是于数处葡萄园内，选出质量最优也最健康的葡萄树剪枝种植的选种法。这是法国传统用来挑选最适合植株的方式。

由于马萨选种是从多个地块中挑选出优良的植株，相较于仅使用数量受限的葡萄树来源，采用马萨选种法的酒农，更有机会打造出能够反映诸多特色而非单一风格的葡萄园，并以其酿成独特的酒款。

这些葡萄树也许树龄尚幼，但该园葡萄种植密度每 10000 平方米高达 12000 株，这样密集种植有助于降低低龄葡萄树过于旺盛的生长力，并使其互相竞争，从而根部扎得更深以寻得养分与水分。来自环境的天然压力能够促进葡萄树将精力放在繁殖上，从而得到更高质量的果实。

LA TOUR DE CURON
LE CLOS
Stéphane Tissot

我们品尝的这款酒，其浓郁程度与多层次的风味，皆是这个选种方式成功的表现。

坚果与咸鲜的风味暗示着酒款曾经经过橡木桶陈年，这让酒款在桶中与氧气发生作用，加深酒色，并发展出不同的香气与风味，而非仅止于量大且魅力十足的果味。

酸度骨架是这款酒的魅力来源，而其酸度则是来自葡萄生长时受到温和偏冷的大陆型气候的影响，以及葡萄园的高海拔。其海拔近 300 米。这两个因素都有助于果实保留酸度。

第戎
A36 公路
A391公路
阿尔布瓦

最后，这款酒入喉后，在口中绵长而缭绕不去的余韵，则是我们前面所提及的所有因素的成果。这是一款严肃的好酒，既鲜活又诱人，非常值得找来细细品味一番，享受它的美好。

第24杯

沙龙堡：玛珂酒庄，沙龙堡酒庄 2006, €€€€€ +

当我坐定开始写汝拉的第3杯酒时，很痛苦且万分抱歉地发现，这三款酒都要价不菲。

我唯一的解释是，有时候——特别是讨论这类在家乡以外鲜为人知的产区时——有必要强调当地酒款的潜力。以汝拉而言，这指的就是当地近乎完美的佳酿。

当地的葡萄酒产量也许稀少，却足以代表全球最有趣也最引人入胜的酒款，特别是接下来要介绍的第24杯酒。

沙龙堡（Château Chalon）是位于法国偏远地区一处小而美的村庄。当地居民仅有150人左右，但如果你愿意花费时间与精力来到这座迷人的小村庄，并倒上一杯来自沙龙堡东边酒庄与村庄同名的酒，你很可能会想就此留下成为永久居民。

梅内特赫-勒-维格诺贝勒村

D5 公路

沙龙堡

瓦图尔村

布卢瓦-苏尔-塞耶村

要冠上沙龙堡产区的名字的葡萄酒，必须百分百以长相思酿成。该品种很可能是源自法国东部的古老品种，多半被用于酿制黄葡萄酒。

虽然无法保证你初尝沙龙堡红酒时会立刻为之痴迷，但我确定你绝对不会忘记这杯酒的滋味。它是雪莉酒与艾雷岛威士忌饮用者偏好的风格，也是爱吃咖喱与海带的人会喜欢的酒款，更不用说那些知道无麸质酱油与意大利香肠且同时热爱它们的人。这是钟情咸鲜滋味的人会喜欢的酒款，更是经得起久藏的佳酿。

Sniff 的品饮笔记

这款酒毫无意外地完全符合这类酒款的风格。酒色呈深柠檬色，香气极为浓郁扑鼻，带有些许酵母渣、起司的调性，衬以葫芦巴的味道和富含铁质的土壤香，另有苹果的甜香和烤鸡皮的香气。初尝这款酒的香气就令人狂喜不已，让我不禁闭上眼睛赞叹它的美好。酸度明显，精准地绽放于口腔中，酒体风味细致且宽广，滋味绵长，令人心花怒放，这无疑是一款令人大开眼界的美酒。

解析

品饮笔记

想了解酒款外观、香气与滋味的成因，得先讨论黄葡萄酒特殊的制程，以及擅长诠释这类迷人风格葡萄酒的产区——沙龙堡。

黄葡萄酒

这款沙龙堡黄葡萄酒深浓的酒色主要来自长时间的培养。由于酒款曾于旧木桶中培养近 6 年，不只酒色因木桶而染色，更重要的是，酒款还经过长时间缓慢的氧化作用，而未上盖的木桶更加速了酒款的氧化作用。

由于木桶有毛细孔，酒款即便是存放于紧密隔绝的木桶内，水分也会因时间流逝而缓慢蒸发，导致酒中水分降低，进而增加风味，提升酸度与酒精度。

虽然桶内酒款暴露在氧气之下，但氧化作用却有限，因为最上层与氧气接触的酒液会形成一层宛如浮渣般的稀薄酵母。这虽然不是酒庄内最有力的帮手，但如法国人所说，在新形成的酵母层的"帷幕之下"（sous voile）所形成的酒款，有可能成为最具有深度的美酒。

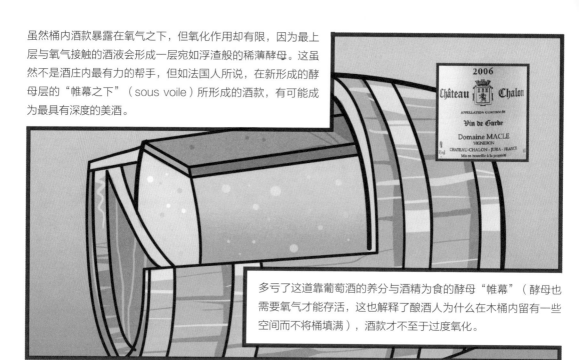

多亏了这道靠葡萄酒的养分与酒精为食的酵母"帷幕"（酵母也需要氧气才能存活，这也解释了酿酒人为什么在木桶内留有一些空间而不将桶填满），酒款才不至于过度氧化。

最重要的是，这类酵母制造的乙醛，即酒款最主要的香气来源，和西班牙产的菲诺雪莉酒、安达鲁西亚的蒙蒂利亚（Montilla）酒款相同。

回到
品饮笔记

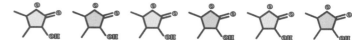

葫芦巴叶的调性源自酒中一种被称为葫芦巴内酯（Sotolon）的物质，即是由上述酵母所制造出的。至于土壤、矿物与碘的香气，则是源自在特殊的环境生长成熟的长相思葡萄，这是酿酒葡萄难以解释的魔力。

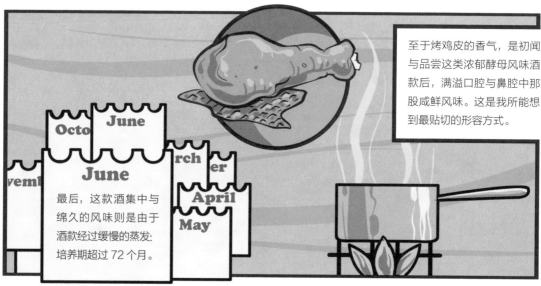

至于烤鸡皮的香气，是初闻与品尝这类浓郁酵母风味酒款后，满溢口腔与鼻腔中那股咸鲜风味。这是我所能想到最贴切的形容方式。

最后，这款酒集中与绵久的风味则是由于酒款经过缓慢的蒸发：培养期超过 72 个月。

这个步骤如同花时间熬煮高汤：熬煮的过程中需要尽可能地使用小火低温，以确保锅内的原料能缓慢地展现出最浓郁也最精华的风味。

汝拉推荐酒单

第 22 杯：普萨

1. 安德烈和米爱伊·天梭酒庄，"老藤"，阿尔布瓦（André et Mireille Tissot, 'Vieilles Vignes', Arbois）€€€
2. 让-路易·蒂梭酒庄，阿尔布瓦（Jean-Louis Tissot, Arbois）€€€
3. 老村酒库酒庄，汝拉丘（Les Chais de Vieux Bourg, Côtes du Jura）€€€
4. 伯努瓦·巴多兹酒庄，汝拉丘（Benoit Badoz, Côtes du Jura）€€

第 23 杯：霞多丽

1. 白马勒酒庄，"莱赫特"，汝拉丘（Domaine de Marnes Blanches, 'En Levrette', Côtes du Jura）€€
2. 兰贝酒庄，"巴戴特"，汝拉丘（Domaine Labet, 'La Bardette', Côtes du Jura）€€
3. 佳乐华酒庄，"老藤沙拉思"，阿尔布瓦（Domaine Ganevat, 'Les Chalasses Vieilles Vignes', Arbois）€€€
4. 雅克·普芬妮，阿尔布瓦（Jacques Puffeney, Arbois）€€€

第 24 杯：沙龙堡

1. 贝特-彭岱酒庄（Domaine Berthet-Bondet）€€€€€
2. 小希望酒庄（Domaine Désiré Petit）€€€€€
3. 安德烈和米爱伊·天梭酒庄（Domaine André et Mireille Tissot）€€€€€ +
4. 让·博尔蒂酒庄（Domaine Jean Bourdy）€€€€€ +

技术篇 3
木桶尺寸的重要性

木桶

在法国，绝大多数用来制作大、小橡木桶（barrique）的木头都源自法国境内。对酿酒业者而言，这与爱国无关，而是他们认为，法国橡木才是最好的橡木。对于用来存酒的容器，首先也是最重要的一点儿就是不能漏水。除了橡木，许多木料（如金合欢、栗木与樱桃木）的毛细孔都偏大，常出现无法防水（或防酒）的问题。木头的毛细孔过大也会加速酒款的熟成，因为这会导致酒款暴露于氧气之中。

如果你比较松树林和橡木林的树桩，会发现绝大多数长得比较快的松树，年轮的间距都比较宽，而生长较缓慢的橡木，其年轮间距则多半非常紧密，几乎重叠在一起。

生长缓慢会让木头的纹理较密，毛细孔也较少。法国境内数个以生长缓慢而闻名的橡木树林大多都坐落于中部地区，其中又以特朗赛（Tronçais）、纳韦尔（Nevers）和靠北边的孚日（Vosges）森林最为人所熟知。

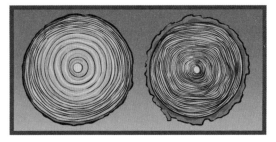

如同我们已在前面多杯酒款的介绍中所说，新橡木桶多半用来为酒款增添风味和香气。木桶愈年轻，为酒款带来的影响愈明显；但当木桶用到第四年时，来自木头的香气或风味便会几乎归零。较老的木桶也许无法再为酒款带来更多特性，却很适合用来熟成与储存葡萄酒。只要质量尚佳，从业者也照顾得宜，这类橡木桶依旧能缓慢地氧化、熟成葡萄酒，这无疑能为酒款带来更多复杂风味，并柔化咬舌的口感，让酒款尝起来更加圆润柔顺。

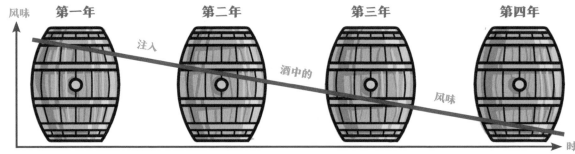

144

尺寸的重要性

有些人说，他们不爱木桶的味道，指的其实是他们不爱用桶过度或与木桶气味结合不良的酒款风味。

恰当地用桶，就好像是在料理中使用盐一样。当用量正确时，没人会特别注意到料理使用了多少盐；唯有尝到过于清淡或太咸的料理时，才会让人特别注意到料理中的盐使用的多寡。

相同地，酒款如果用桶恰当，整体表现通常会有所提升，不至于被笼罩在一片木桶味之中。有一些葡萄酒的架构与果味浓度禁得起在百分之百全新橡木桶中培养，但这并不多见。

想酿出顶级酒的酿酒人，可能会使用高质量且价格昂贵的橡木桶——这类橡木桶通常每个要价高达 1000 欧元。用来培养原本过于纤细或脆弱的酒款，但成果多半令人失望，酒款尝起来空洞，缺乏果味，且因为高昂的木桶成本而使酒款售价过高。

波尔多传统使用的橡木桶尺寸为 225 升。

勃艮第习惯使用容量 228 升的木桶，称为"pièce"。木桶容量愈小，与等体积的葡萄酒的接触面积就越大。

另一个法国葡萄酒业界常使用的木桶，是为容量 600 升的德米-缪德桶（Demi-Muid）。由于与等体积葡萄酒的接触面积较小，酒款受木桶风味的影响也较小。

阿尔萨斯 Alsace

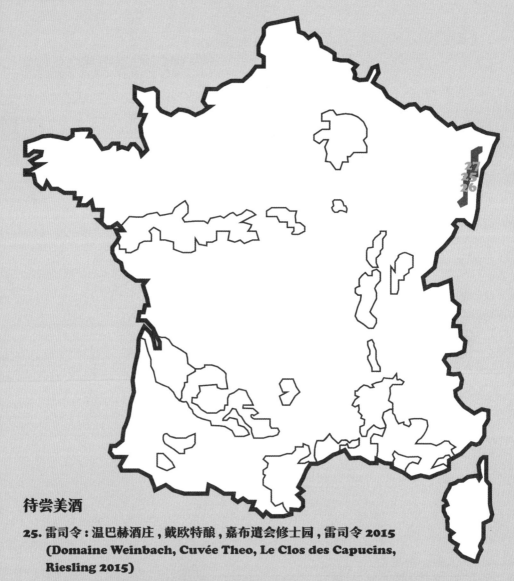

待尝美酒

25. 雷司令：温巴赫酒庄，戴欧特酿，嘉布遣会修士园，雷司令 2015 (Domaine Weinbach, Cuvée Theo, Le Clos des Capucins, Riesling 2015)

26. 灰皮诺：布兰克庄园，帕特格登，灰皮诺 2014 (Domaine Paul Blanck, 'Patergarten' Pinot Gris 2014)

27. 迟摘型琼瑶浆：罗利·贾斯曼酒庄，琼瑶浆，上·维恩加尔腾，迟摘型 (VT)2005 [Rolly Gassmann, Gewurztraminer, Oberer Weingarten de Rorschwihr, Vendanges Tardive (VT) 2005]

你总是能从一个地区的雨景，判断当地美丽与否。许多产区都以"前所未见的壮丽美景"承诺观光客，却总是得依靠天空作美时的蔚蓝晴天见到美景。

阿尔萨斯却不是这么一回事。当地自孚日山脉（Vosges Mountains）坡底一路蔓延开来的葡萄园，在湿冷多雾的冬日中会展现出一种原始的美感，足以使人们暂时忘记对晴天的热爱。

科尔马

当地的小镇也给人类似的感觉，其中又以科尔马（Colmar）为最。科尔马坐落于阿尔萨斯地区最有名的上莱茵省（Haut Rhin）的心脏地带。

自文艺复兴时期便不断增加的原木骨架房屋，由运河形成的"小威尼斯"区域，以及古典庄严的石造歌剧院与政府建筑，形成了科尔马的多元化的建筑景观，不管天气如何，它们看起来都美极了。

阿尔萨斯之所以既法式又德式，是因为它位处两国国界边缘，在历史上曾多次遭"易主"。莱茵与孚日山脉两者常被视为法国与德国的"天然"国界，不只是因为这两个平行的天然景观够雄伟，也因为两者之间，仅隔着一块宽约50千米左右的狭长地区：阿尔萨斯。

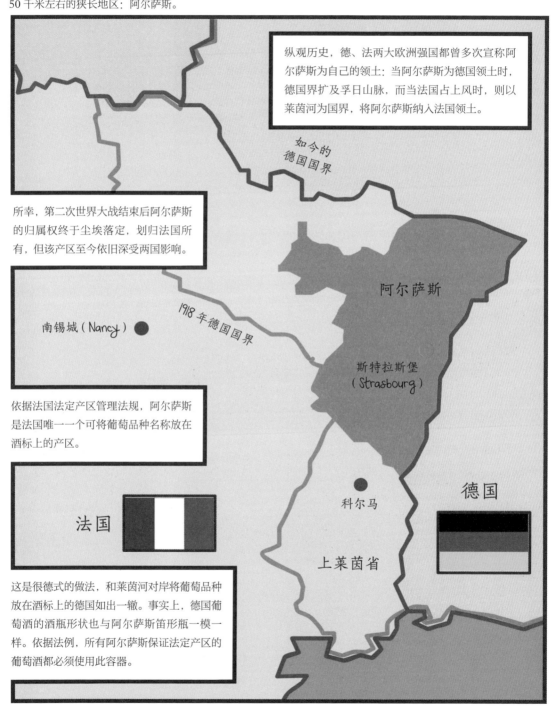

纵观历史，德、法两大欧洲强国都曾多次宣称阿尔萨斯为自己的领土：当阿尔萨斯为德国领土时，德国界扩及孚日山脉，而当法国占上风时，则以莱茵河为国界，将阿尔萨斯纳入法国领土。

如今的
德国国界

所幸，第二次世界大战结束后阿尔萨斯的归属权终于尘埃落定，划归法国所有，但该产区至今依旧深受两国影响。

南锡城（Nancy）

1918 年德国国界

阿尔萨斯

斯特拉斯堡
（Strasbourg）

依据法国法定产区管理法规，阿尔萨斯是法国唯一一个可将葡萄品种名称放在酒标上的产区。

法国

德国

科尔马

这是很德式的做法，和莱茵河对岸将葡萄品种放在酒标上的德国如出一辙。事实上，德国葡萄酒的酒瓶形状也与阿尔萨斯笛形瓶一模一样。依据法例，所有阿尔萨斯保证法定产区的葡萄酒都必须使用此容器。

上莱茵省

阿尔萨斯的许多葡萄酒是由法国与德国酿酒人制成，但这里的主要品种，无疑是德国（与阿尔萨斯）送给我们最好的礼物——高贵的雷司令。

第25杯

雷司令：温巴赫酒庄，戴欧特酿，嘉布遣会修士园，雷司令 2015, €€€

对某些人而言，雷司令始终是个谜。该品种常令人想到倒胃口又过于甜腻的风格，而非带有盐味且令人口颊生津的酒款，这完全是因为 20 世纪 70 年代至 80 年代那些生产过量的劣质廉价的雷司令。

这类酒款也许能在短期内缔造销售佳绩，却彻底摧毁了雷司令的声誉，但这不应该成为你如今拒绝喝它的理由。

拒绝雷司令美酒等于拒绝体验超棒的品酒乐趣之一。质量最优的雷司令酒款常会展现出绝佳的清晰风味，口感纯粹，且带有鲜明的酸度架构，能够撑起浓郁多香的风味（或任何残糖量），并展现出其他品种所没有的锐利酸度。

Sniff 的品饮笔记

目前（我最后一次品尝是 2017 年 5 月）闻起来还非常年轻，也较为内敛，但雷司令再怎么内敛朴素，还是比其他品种的酒风味更鲜明。有些许像是来自土壤的矿物调性蕴含其中，宛如炙热的钢铁、煤油与湿煤的混合物。另有柑橘皮和青苹果的香气，但和许多质量绝佳的葡萄酒相同，唯有实际品尝才能感受到真正诱人的滋味。酒款尝起来不甜，酸度高但质地顺滑，犹如适度紧绷的鼓皮。如箭般锐利的高亢酸度提供了纯粹的风味，并更足以定义这款酒，但让这款酒展现出令人钦佩的绵长风味，是其中单宁的劲道与浓郁度，以及平衡的风味。

虽然不管是哪一款酒，想区分出酒中不同香气的每种化合物几乎是不可能的事，但我们还是能够清楚提取出一些特定的化合物。

解析

品饮笔记

其中最明显且能为雷司令酒款带来如石油般香气的化合物，即是我们称为"TDN"的芳香化合物（1, 1, 6-trimethyl-1, 2-dihydronaphthalene）。

TDN 较常见于温暖气候地带的雷司令葡萄中，因为生长环境中的紫外线量愈充足，愈有助于这种化合物的合成。想了解这种风味，只需买一瓶澳大利亚伊登瓦利（Eden Valley）的雷司令即可，这款酒也有 TDN 的香气。

柑橘皮、苹果与蜜桃香气源自葡萄在采收时的成熟度。较晚采收或生长于较温暖地块的雷司令常会偏离青涩的风味，而展现出更多带核水果的风味。

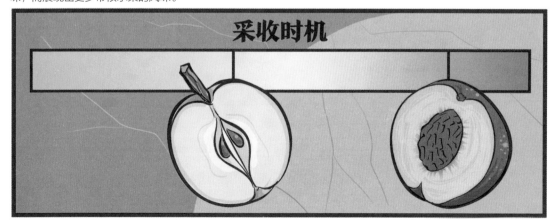

采收时机

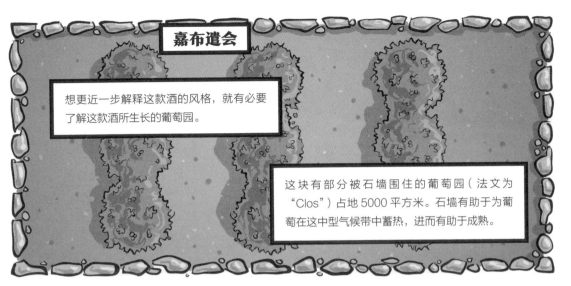

嘉布遣会

想更近一步解释这款酒的风格，就有必要了解这款酒所生长的葡萄园。

这块有部分被石墙围住的葡萄园（法文为"Clos"）占地 5000 平方米。石墙有助于为葡萄在这中型气候带中蓄热，进而有助于成熟。

葡萄园的土壤也功不可没。以沙砾和花岗岩小碎石组成的土壤有助于排水。如同我们在第 1 杯酒所见，温暖的土壤有助于葡萄在冷气候中成长，对葡萄实现完美的成熟并酿出高质量酒款而言，相当关键。

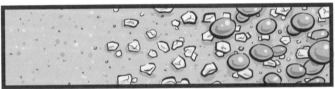

然而，嘉布遣会修士园（Le Clos des Capucins）坐落于宏伟的雪堡（Schlossberg）特级园（阿尔萨斯面积最大也最先登记的特级园）的山脚下，所获得的日照及随之而来的热量，自然不如雪堡葡萄园。

这样的地理位置造就了酒款的高酸度，与前文提及的较不成熟的果味调性。简单来说，这块葡萄园虽然优异，但碍于地理位置而无法成为最佳的葡萄园。

前面提过，雷司令常被认为是带有甜味的酒款（它确实可以酿成甜酒，但不是绝对），因此我们有必要重申：这是一款干型不甜的酒。

选购阿尔萨斯葡萄酒有时会令人感到挫败，你以为自己买的是干型酒，品尝后才发现其实不然。

在德国，酒标上所列出的酒精度会清楚地标示该款酒是否为干型。酒精度 12% 或以上的酒通常不甜，酒精度 9% 或以下的酒则通常带甜味。后者因为酒精发酵过程被缩短，酒中就会残留有糖分。

酒精度

甜　9% 以下　12% 以上　干

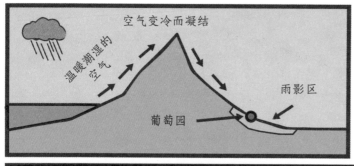

温暖潮湿的空气　空气变冷而凝结　雨影区　葡萄园

地处法国北部，阿尔萨斯如此干燥的气候相当不寻常，这与孚日山脉的雨影效应（Rain Shadow Effect）有很大的关系。除干燥气候外，阿尔萨斯日照充足的优势，也是这里能种出糖度与风味皆丰裕的葡萄的原因。

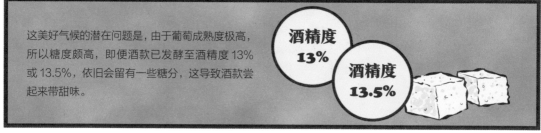

这美好气候的潜在问题是，由于葡萄成熟度极高，所以糖度颇高，即便酒款已发酵至酒精度 13% 或 13.5%，依旧会留有一些糖分，这导致酒款尝起来带甜味。

酒精度 13%

酒精度 13.5%

若将酒款发酵至完全不甜的程度，经常会导致酿成的酒款酒精度超标，失去平衡的风味与新鲜口感。

2015 年的雷司令生长季

January	February	March	April	May	June	July	August	September	October	November	December
1	7	22	4	12	1	4	27	1	8	5	31

这款酒明显的集中风味与绵长的尾韵，与阿尔萨斯漫长的生长季有关。

由于纬度偏高，阿尔萨斯的夏秋两季日长夜短。

举例来说，如果我们比较北半球不同纬度城市在夏至日（北半球为 6 月 21 日）日出与日落之间的日照时数，会发现科尔马的日照时数有 16 小时，北京有 15 小时，而台北仅有 13.5 小时。

科尔马

北京

台北

16 小时

15 小时

13.5 小时

较长的日照时间能让葡萄不疾不徐地发展出浓郁且集中的风味，就像这杯酒与同样来自这块法国东北产区的第 26 杯酒款所展现的那样。

第26杯

你很难忽视菲利浦·布兰克（Philippe Blanck）这个人。他是管理基安特赞村（Kientzheim）里这家无懈可击酒庄的布兰克表兄弟之一。

灰皮诺：布兰克庄园，帕特格登，灰皮诺 2014, €€

虽然他人高马大，但他的谈吐以及对葡萄酒的态度，却通过如暖流般的音质展现，宛如催眠一般，既具权威性又引人注意。

你可以听菲利浦谈论数小时的葡萄酒，但真正让我印象深刻的，是他对于灰皮诺（Pinot Gris）葡萄无比精准的描述，以及对处理这高贵品种的必要方式的熟知。

阿尔萨斯的灰皮诺通常会有一股丰裕的调性，特别是来自最好的地块的灰皮诺，即便酸度充足，也不总是能够撑起这浓郁酒体的分量，这使得酒款有时尝起来略显肥胖或邋遢。菲利浦形容这种风格犹如"皮带上的那圈赘肉"。

我们身边肯定不乏腰上略多几千克的朋友、同事或家人。

> 事实上，有不少人虽然腰上多了些许肉，外形却依然好看。你可以说这额外的赘肉其实挺适合他们的。

> 但也有人不这么幸运：他们的"游泳圈"在细瘦高挑的身躯上显得极不对称，就像是过去他们虽有运动习惯，但如今身材却已经走样。

绝大多数的阿尔萨斯灰皮诺就像这层腰上的赘肉，只有最优异的酒款才能完美展现出灰皮诺的风味，让它在饮用者舌尖翩翩起舞，口味简单但不让口腔感到乏味，也不会让舌头被厚重的酒体压得扁塌。

就阿尔萨斯的土地面积而言，这家酒庄占地颇大，而许多葡萄园都坐落于产区内风土最优秀的 5 块特级园以及 4 块留地（命名葡萄园或地块）之中。

我们所要品尝的第 26 款酒，便是来自上述其中一个留地。

ALSACE
2014
APPELLATION ALSACE CONTROLEE
PINOT GRIS
PATERGARTEN
BLANCK
DOMAINE PAUL BLANCK

E25
公路

保罗·布兰克
酒庄

科尔马

Sniff 的品饮笔记

酒色呈深柠檬色，有香料柠檬、杏桃、颜色略深的香水月季、蜂蜜等多种香气以及些许令人联想到烤面包的酵母调性。口感分量十足，但因为酸度宽广，尝起来不显笨重，令人口颊生津，像是因为有健身而腰间不至于藏肥肉的人一样"身材"匀称。这款酒尝起来略带甜感，但这种半干型风格仿佛为这款令人陶醉的酒，更增添了一股堕落而迷醉的印象。果味浓郁且明显，余韵绵长持久，彰显出这款酒出身不凡，足以在本书的 33 杯酒中占有一席之地。

色素含量程度

灰皮诺   黑皮诺

不过，人们常忘记这品种半芳香的特质，最主要是因为许多饮用者只尝过意式灰皮诺（Pinot Grigio）。

蜂蜜味则是酒款所使用的果实滋味丰富，并已达到完美成熟的结果。这块留地地理位置优良，土壤以砾石为主（因此能够蓄热），有利于葡萄成熟。

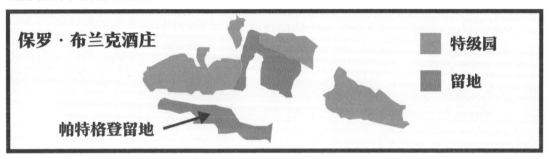

酒款的丰富风味与饱满的酒体，体现了阿尔萨斯的优良气候与温暖土壤，这二者也有助于促进葡萄达到完美的成熟度。

如同菲利浦·布兰克所说，灰皮诺的正确性，完全取决于酿酒人能否成功演绎出鲁本斯（Rubenesque）风格的油画，即腰上赘肉一样肥美却不失匀称的调性，如同这款来自帕特格登留地的灰皮诺美酒所成功展现的那样，兼具分量、浓郁度与恰如其分的可口风味。

离开保罗·布兰克酒庄后，可以往北 10 千米来到同样小巧可爱的罗尔斯克维村（Rorschwihr），造访罗利·贾斯曼（Rolly Gassmann）酒庄。

第27杯 不论用哪种品种的葡萄，这家历史悠久的酒庄始终能端出风格独特且令人享受的美酒。

迟摘型琼瑶浆：罗利·贾斯曼酒庄，琼瑶浆，上·维恩加尔腾，迟摘型 (VT)2005，€€€€€

让此酒庄展现出陈年潜力与复杂度的，要属琼瑶浆（Gewurztraminer）葡萄酒；这才是让它从众多酿酒业者中脱颖而出的明星产品。

D18

RORSCHWIHR

ROLLY GASSMANN VINS D'ALSACE

罗利·贾斯曼酒庄
罗尔斯克维村
D416公路
D18公路
基安特赞村
D415公路

Sniff 的品饮笔记

无论酒色或观感都给人一股明亮的感受。酒色是浅金色泽，带有明显的黏稠感，摇杯时可以看到酒液缓慢地由杯壁滑落，而这第一印象又因为香气而加深。在预期的玫瑰水和荔枝香气之外另有多种香味，使得整体香气复杂，又达到完美的平衡。果味是沾上了蜂蜜的菠萝、杏桃干以及混合了草本调性（如茴香、大茴香籽）的苹果味，另有明显扑鼻的姜味。口感则带有诱人的甜味，风味浓郁，酒体饱满，酸度明显低，但似乎不会影响到酒体的平衡感，因为口感尝起来一点儿也不黏腻。相反地，这款酒令人口颊生津，余韵风味集中，展现了大量的果香，比其他不耐久的酒款来得更为绵长。

琼瑶浆的二三事

琼瑶浆可以说是葡萄品种中最"自大"的一个。它的香气浓烈强劲，狂妄无比，大概可以说是所有品种中最容易察觉的。

我小时候曾非常热爱土耳其软糖：那种以玫瑰水制成再洒上糖粉的怡人的黏稠方块，对 10 岁的我可以说是莫大的享受。琼瑶浆尝起来，就像是土耳其软糖和我最爱的水果——外皮粗糙但果肉滑溜的荔枝——的综合体。

但如果这品种闻起来正是我钟爱的两种甜品的综合体，为什么我这么少喝它呢？

其原因是，这种品种香气过于扑鼻，导致它没什么细致度可言。琼瑶浆是有些俗艳的酒款，通常喝了一两杯后，我就准备好要继续品尝一些其他较不浓烈的酒款。

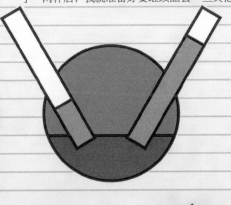

这也是个酸度有限，酒体却相当饱满的品种，而且因为含糖量高，常会发酵成酒精度偏高的酒。这些形成酒款架构的特质，常导致琼瑶浆缺乏葡萄酒最关键的特点——新鲜感。话虽这么说，市场上还是见得到一些质量出众、不会一味攻击饮用者味蕾的琼瑶浆，较成熟的酒款尝起来更可口。因此这第 27 杯酒正是全书 33 杯酒中，年份较老的一款。

和人一样，岁月也为这款酒带来特殊的魅力。当人们迈入 30 岁、40 岁或 50 岁时，年轻时的活力与好斗性多半已（或理应）因为人生历练而被磨去许多。虽然皮肤皱了点儿，头发少了点儿，肌肉也不如以往扎实，但生活的历练却让人看起来更具吸引力，也更显复杂，像是风格多元、制作复杂，而且带点咸鲜风味的法式千层酥。罗利·贾斯曼酒庄的琼瑶浆，便像是那种能够优雅地发展成杰出的"成功人士"的美酒。

琼瑶浆是粉红莎瓦涅（Savagnin Rose）的芳香突变种，颜色也是长相思的突变。后者正是第 24 杯即美好的沙龙堡所用的品种。

同一个品种酿出的酒可以有如此不同的两种风味，

一种有坚挺的酸度与精准度，

另一种有浓郁的香气和酒体，可以说是葡萄酒多元且伟大的证明。

琼瑶浆和灰皮诺一样是拥有深色果皮的"白"葡萄品种。这也正是这款酒之所以如此具深度，并展现出深沉酒色的主要原因。

酒款的黏稠性源自酒中的含糖量，琼瑶浆是一款迟摘型葡萄酒（Vendanges Tardive）。

延后采收时间让原本糖分很高的琼瑶浆果实再度达到甜度高峰，使得酿成酒款尝起来没有糖浆般黏糊糊的腻感，却展现出明显可见的丰厚质地。

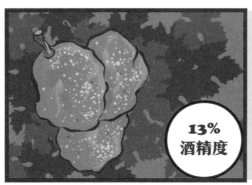

**13%
酒精度**

杏桃干、菠萝与杞果的滋味，显示出这款酒的葡萄曾沾染上些许贵腐霉。虽然采时绝大多数葡萄都是健康的状态，添加少数贵腐霉葡萄无疑能为酒款增添复杂度，并提升滋味。略带有姜味可能是该品种被称为"格乌兹"（Gewurz）的原因，这个词在德文中有香辛料的意思。饱满的酒体与酒精度（仅 13%）关联较小，倒是与酒中果味的浓郁程度有关，又和酒款浓稠的质地相关。

最后，这款酒还给人一种沉稳成熟的印象。如果时常练习品酒与美酒赏析，便会发现许多优异酒款的整体感常会比其单一特质要来得更优，这款酒便是一例。

但这样香气扑鼻的酒款到底是如何兼具新鲜感的？如此低的酸度又怎么能撑起丰富的滋味，让饮用者口水直流？

答案我也不知道。又有谁能真正回答这个问题呢？

我只知道，如果想一探这香气浓郁且乐趣十足的品种，贾斯曼（Gassmann）家族的优质的琼瑶浆肯定是最佳敲门砖。

阿尔萨斯推荐酒单

第 25 杯：雷司令

1. 安德烈酒庄，"明希堡"特级园（Domaine Ostertag, Grand Cru 'Muenchberg'）€€€€

2. 鸿布列什酒庄，"海塞尔园"（Zind Humbrecht, 'Clos Häuserer'）€€€

3. 马尔塞·黛斯酒庄（Marcel Deiss）€€

4. 金茨-巴斯酒庄，"热斯堡"特级园（Kuentz-Bas, Grand Cru 'Geisberg'）€€€€

5. 阿博·曼酒庄，"阿博特酿"（Albert Mann, 'Cuvée Albert'）€€€

6. 布兰克酒庄，"福斯坦顿"特级园（Domaine Paul Blanck, Grand Cru 'Furstentum'）€€€

7. 罗利·佳斯曼酒庄，"卡佩维格·伯翰姆"（Rolly Gassmann, 'Kappelweg de Rorschwihr'）€€€

8. 博克勒酒庄，"索麦堡"特级园（Boxler, Grand Cru 'Sommerberg'）€€€€

9. 廷巴克酒庄，"费得里克·艾米利特酿"（Trimbach, 'Cuvée Frédéric Emile'）€€€€

10. 马克·克雷丹维斯酒庄，"卡斯特堡"特级园（Marc Kreydenweiss, Grand Cru 'Kastelberg'）€€€€

第 26 杯：灰皮诺

1. 金翰伯酒庄，"朗让·坦恩，都市之丘"特级园

（Zind Humbrecht, Grand Cru 'Rangen de Thann, Clos St Urbain'）€€€€€ +

2. 萨维埃·维曼酒庄，"平衡"（Xavier Wymann, 'Equilibre'）€€

3. 古斯·洛朗酒庄，"阿尔藤贝格"特级园（Gustave Lorentz, Grand Cru 'Altenberg de Bergheim'）
€€€€€

4. 夏尔·斯巴尔酒庄，"布兰德"特级园（Charles Sparr, Grand Cru 'Brand'）€€

5. 马尔塞·黛斯酒庄（Marcel Deiss）€€€

6. 夏尔·斯科莱特酒庄（Charles Schléret）€€

第 27 杯：迟摘型琼瑶浆

1. 赫佐酒庄，"桑特塞西勒"（Hertzog, 'Sainte Cécile'）€€

2. 多普夫·欧·莫林酒庄（Dopff au Moulin）€€€

3. 多普夫和伊宏酒庄，"肖恩堡"特级园（Dopff et Irion, Grand Cru 'Schoenenbourg'）€€€

4. 卢卡斯和安德烈·瑞弗酒庄，"佐赞贝格"特级园（Lucas and André Rieffel, Grand Cru 'Zotzenberg'）
€€€

5. 马克·克雷丹维斯酒庄（Marc Kreydenweiss）€€€€

6. 鸿布列什酒庄，"海伦威哥·蒂尔凯姆老藤"

（Zind Humbrecht, 'Herrenweg de Turckheim Vieilles Vignes'）€€€€

香槟 Champagne

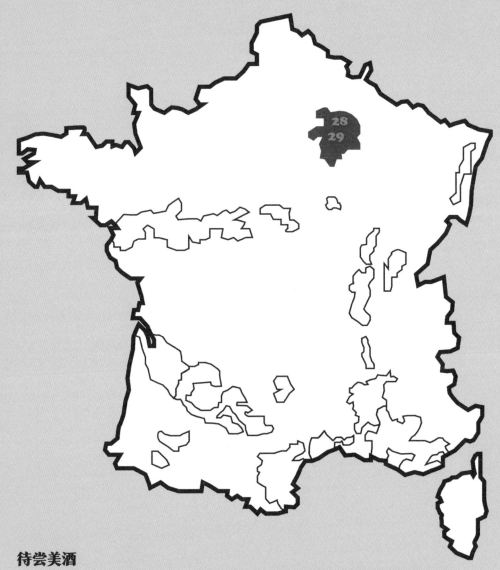

待尝美酒

28. 无年份香槟：威尔马特，大酒窖，一级名庄，无年份香槟 [Vilmart et Cie, Grand Cellier, Premier Cru, Non-Vintage (NV), Champagne]

29. 年份香槟：唐·培里侬 2004, 香槟 (Dom Pérignon 2004, Champagne)

你身边那些愤世嫉俗的人可能会觉得，香槟与庆祝的联想不过是多年来成功产品的营销结果。毕竟，一样是船的下水典礼、成功夺冠的运动赛事或地标建筑物的周年纪念，有气泡的酒为何就是比没气泡的受欢迎？

HMS Sniff.

嗯，这可能与香槟包装的戏剧张力有关。

酒瓶沉甸甸的重量感觉不只很有料，还很安全。

以锡箔包覆的瓶颈更让人忍不住想一探其中。

撕开锡箔后，便可以看到里面的金属网。

拧动六次，移除金属网后，就可以看到赤裸裸的瓶颈与软木塞。

到这个时候，如果酒款有被小心对待，而且也经过适宜的冷却程序，瓶塞内的 6 个大气压理应还安然地被困在瓶中，开瓶的人需要温柔地扭转瓶身，才能释放瓶内压力。

加上手掌轻推一下，就可以成功帮助瓶内的"精灵"重获自由。

开香槟的声音理应是尽可能柔细的"噗"一声，不被闷住却尽可能节制、严格控管的音量。

反之，如果香槟被惹怒，例如瓶内温度直逼温室，里头的二氧化碳就可能会"抓狂"，一逮到机会就冲出瓶外。如果是在台上领奖，下一场香槟雨可能再完美不过；但如果你是真的想喝，可能就有些困难。

任何标榜以"传统法",即通过二次酒精发酵将气体困在瓶中的酿法酿造的酒款,都会有上述提及的类似情形。

香槟不是唯一的"传统法"气泡酒,世界上有许多表现优良的酒款都以此法酿成,包括北加州、澳大利亚的塔斯马尼亚(Tasmania)、意大利的弗朗齐亚柯达(Franciacorta),以及英国南部气候偏冷的葡萄园所产的气泡酒。这其中不乏一些我最爱的酒款。

但截至目前,我还没品尝到任何质量胜过这个法国北部葡萄园的气泡酒。这里的酒款个性无与伦比,这是以成熟度、高亢酸度和复杂度组成的必胜公式。

香槟区

巴黎　　　　　兰斯　　　　　　　　（Reims）

没错,这里的大品牌可能花了大把钞票在营销上,但真正的好香槟确实值得受到关注。这次我们不只是在学习酒款冒泡的成因,而是要进行一场感受香槟"灵魂"的旅程。

第28杯

在埃佩尔奈（Épernay）的香槟大道（Avenue de Champagne）上漫步，你大概会以为自己正身处香槟葡萄酒产业的心脏地带。

无年份香槟：威尔马特，大酒窖，一级名庄，无年份香槟，€€€€

只要走一小段路，你就会经过令人肃然起敬且难以忽视的豪爵（Pol Roger）、巴黎之花（Perrier-Jouët）与酩悦（Möet et Chandon）等大厂的总部。后者的主要入口处有一尊香槟区最有名的僧侣唐·培里侬（Dom Pérignon）手持酒瓶的雕像。

他的表情看似有些困惑，大概是为前来朝圣的旅客数量之多而感到惊奇。这些热爱气泡酒的饮用者，全都只为品尝唐·培里侬帮忙创造的酒款而来。

这些香槟厂的宏伟壮观，以及其大门口那些过度华丽的装饰，仿佛足以令人忽视了，真正的香槟其实是来自城市周围那些分布于白垩山丘、平原与谷地的无数小村庄中。

和其他产业相同，香槟也有超级品牌，或被称为"Grand Marques"（大品牌）。这些大厂在不断将产区名声推广至全世界的同时，又能够产出质量极佳且产量可观的酒款。然而唯有驱车造访产区内的小村庄，探访当地独立酒农与酿酒人，以及支撑这片魅力十足的香槟产区背后的小型家庭酒庄，才有机会真正了解香槟产区的灵魂。

埃佩尔奈城周边三个表现出色的酿酒产区，分别是占地最广的兰斯山脉（Montagne de Reims）、白丘（Côte des Blancs）与马恩河谷（Vallée de la Marne）。

马恩河谷

兰斯山脉

兰斯

里伊拉蒙塔涅村

埃佩尔奈

白丘

兰斯"山"海拔仅 288 米，山区北部正对着历史古城兰斯（Reims）的里伊拉蒙塔涅（Rilly-la-Montagne）坡地小村，那正是洛朗·尚（Laurent Champs）的家乡，他是家族第五代从事香槟生产的人。

洛朗向来清楚自己要酿的是好酒，有气泡当然更加分，但不是绝对。这样的酿酒哲学，让他家族的威尔马特酒庄（Vilmart）吸引了不少不只视香槟为开胃酒的饮用者欣赏；这些是具有复杂度的酒款，但与料理搭配也能相得益彰。

D409公路

A4公路

D9公路

威尔马特酒庄

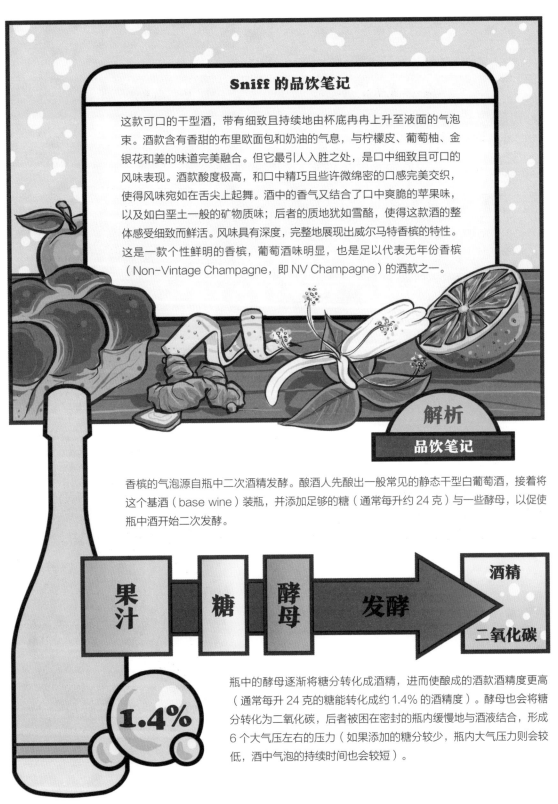

Sniff 的品饮笔记

这款可口的干型酒，带有细致且持续地由杯底冉冉上升至液面的气泡束。酒款含有香甜的布里欧面包和奶油的气息，与柠檬皮、葡萄柚、金银花和姜的味道完美融合。但它最引人入胜之处，是口中细致且可口的风味表现。酒款酸度极高，和口中精巧且些许微绵密的口感完美交织，使得风味宛如在舌尖上起舞。酒中的香气又结合了口中爽脆的苹果味，以及如白垩土一般的矿物质味；后者的质地犹如雪酪，使得这款酒的整体感受细致而鲜活。风味具有深度，完整地展现出威尔马特香槟的特性。这是一款个性鲜明的香槟，葡萄酒味明显，也是足以代表无年份香槟（Non-Vintage Champagne，即 NV Champagne）的酒款之一。

解析
品饮笔记

香槟的气泡源自瓶中二次酒精发酵。酿酒人先酿出一般常见的静态干型白葡萄酒，接着将这个基酒（base wine）装瓶，并添加足够的糖（通常每升约 24 克）与一些酵母，以促使瓶中酒开始二次发酵。

果汁 → **糖** → **酵母** → **发酵** → **酒精 / 二氧化碳**

1.4%

瓶中的酵母逐渐将糖分转化成酒精，进而使酿成的酒款酒精度更高（通常每升 24 克的糖能转化成约 1.4% 的酒精度）。酵母也会将糖分转化为二氧化碳，后者被困在密封的瓶内缓慢地与酒液结合，形成 6 个大气压左右的压力（如果添加的糖分较少，瓶内大气压力则会较低，酒中气泡的持续时间也会较短）。

酒中令人联想到的面包（饼干、面包、布里欧或面团等）气味，主要来自香槟在瓶中二次发酵后，酵母渣浸泡培养的时间长短。依法规，无年份香槟需要至少陈年 12 个月，但洛朗的"大酒窖"香槟与酵母渣培养的时间达法规的两倍，酿成的酒自然充满了类似怡人的面包香气。

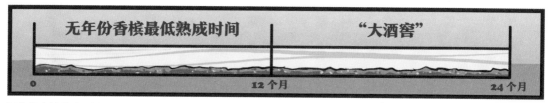

无年份香槟最低熟成时间	"大酒窖"
0　　　　　　　　　　　　　　　12 个月	24 个月

酒中绵密的滋味同样和与酵母渣培养有关（我们在第 13 杯酒时讨论过）。

这款酒的果味风格以柑橘类为主，另有白花香，这些都是以霞多丽为主的香槟常见的风格。而以莓果风味主导的黑皮诺或皮诺莫尼耶（Pinot Meunier）香槟也是香槟区常见的酒款。这款酒虽然来自兰斯山脉（该产区种植最多的是黑皮诺），却是以 70% 的霞多丽与 30% 的黑皮诺酿成。

30%
黑皮诺

70%
霞多丽

酒款在口中明显紧致的酸度，是许多香槟爱好者都非常熟悉的特性。这是因为香槟区坐落于纬度偏北的寒凉地区。

为了酿出风味紧致且带明显酸味的香槟，洛朗刻意不让酒款经过乳酸转化（我们在第 19 杯时讨论过勒鲁那款带有咸味且令人口颊生津的圣欧班白葡萄酒），以确保酒款保留较高的苹果酸和整体较高的酸度。

洛朗偏爱酒款展现出直接的酸度，深信这种酸度能让酒款尝起来更加纯净。

这款酒的甜度与补液（dosage）多寡有关。补液是带有甜味的酒，是除渣（disgorgement，从瓶内移除死去酵母渣的过程）后、装瓶前添补的酒液。香槟需经过除渣，倒出的酒才会清澈透明，不至于混浊不清。

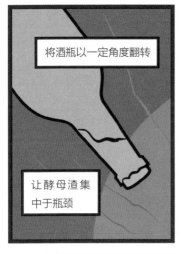

将酒瓶以一定角度翻转

让酵母渣集中于瓶颈

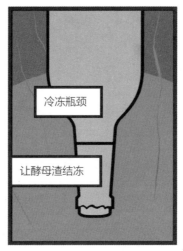

冷冻瓶颈

让酵母渣结冻

小心地移除金属瓶盖

冰冻的酵母渣随气体压力释放而弹出

香槟因而显得清澈

补液中的糖分通常介于每升 6 ～ 12 克之间，多数香槟的甜度都是属于这个级别，也就是干型香槟。

每升 12 克

补液的含糖量

每升 6 克

干型

CHAMPAGNE

洛朗的塞利耶香槟含糖量为每升 8 克，尝起来不至于带甜，却足够软化强劲的酸度，同时维持酒款清透的滋味。清透感可以说是威尔马特酒庄酿制的酒款普遍展现的特性。

香槟甜度（酒标上的词汇）

天然干型（Brut Nature）：不添加补液，残糖量至多可达每升 3 克，因为瓶中二次发酵后可能残留有尚未发酵完全的糖分。

极干型（Extra Brut）：残糖量至多每升 6 克。

干型（Brut）：残糖量至多每升 12 克（最常见的香槟甜度级别）。

不甜型（Extra-Sec）：残糖量至多每升 17 克 [多数意大利普罗塞柯（Prosecco）气泡酒都是这个级别]。

微甜型（Sec）：残糖量至多达每升 32 克。

半甜型（Demi-Sec）：残糖量至多达每升 50 克。

甜型（Doux）：残糖量每升超过 50 克。

第29杯

唐·培里侬（Dom Pérignon，简称DP）大概是葡萄酒中名声最响亮的品牌，也是货真价实的葡萄酒传奇。这个品牌极为成功，不但酒价稳居奢侈品类别，质量更很少令人失望，使得酒款声名远播。

年份香槟：唐·培里侬 2004，香槟，€€€€€+

但为一瓶酒花超过100欧元值得吗？相信我，这物有所值。

如果两个人想一同去英国看英格兰足球超级联赛，或到米兰斯卡拉歌剧院（La Scala）欣赏歌剧，又或是去加州迪斯尼乐园玩，这些体验的花费其实与一瓶唐·培里侬是不相上下的。

与朋友分享这样一瓶伟大的好酒更是独一无二的体验。这无疑能给沮丧的周二工作日带来令人战栗的兴奋感。当生活变得平凡乏味时，它是让人生再次甜美的堕落之饮，更是缓解疲惫的特效药。

Sniff 的品饮笔记

酒杯中多束细致微小的气泡不间断地上升，在液面破碎成细小的泡沫。将鼻子凑近杯缘，可以闻到这款美酒的香气，既湿润又深邃。这款酒带有明显的烘烤味，结合了点燃火柴时那股刺激却怡人的硝烟味，其中另有干燥花的香气与风味和苦中带甜的橘子皮味。后者与我们品尝过的顶级勃艮白葡萄酒不无相似之处。果味集中，与紧致的酸度达成平衡；这款干型香槟质地怡人可口，气泡绵密细致。余韵同样非比寻常，每一个元素都恰如其分，平衡且怡人，风味持久，展现了具有深度的矿物滋味，令人想再来一杯。

充满口腔的细致绵密的慕斯口感，以及宛如针孔般细小而在杯中冉冉而升的气泡，都随酒款的年岁变化而有所不同。

酒款于除渣后继续发展，瓶中的二氧化碳会缓慢通过软木塞散去，使得原本明显的发泡程度逐渐降低。

由于唐·培里侬香槟（在除渣之前）会与酵母渣一同培养至少 7 年，这使得酒款通常带有明显的烘烤调性。

至于火柴燃烧的香气，部分原因是酒款在酿造与熟成期间鲜少与氧气接触。

不同于威尔马特酒庄使用橡木桶发酵，唐·培里侬的酒款普遍于不锈钢桶槽中发酵。据酒窖总管里夏尔·若弗鲁瓦（Richard Geoffroy）介绍，如此有助于保留果实原有的白垩矿物质特性和类似果实果皮的口感，而长时间与酵母渣培养，更有助于维持甚至提升这项特质。

记住，酵母渣在酒中扮演的角色像是吸尘器，确保酒款不受氧气干扰，在长时间的瓶中培养过程中，维持酒款纯净清透的果味特质。

对热爱黑皮诺的饮用者而言，这款酒所展现的干花香气闻起来可能有些熟悉，这是因为唐·培里侬绝大多数的年份香槟，都是以等量的黑皮诺和霞多丽酿成。

酒款的风味之所以如此浓郁且集中，主要是因为酒庄只选用来自最好地块的葡萄。

唐·培里侬香槟产量可观，要让这款酒年复一年地稳定维持酒厂风格，唯一方法便是使用大量且多元化的特级园基酒（以及唯一的一级园的酒），如此才能确保酒款的质量与产量均达标。

唐·培里侬香槟的高酸度符合了纬度偏高的香槟产区的葡萄会有的表现，但让这款酒如此引人入胜且怡人的原因，则是酒款平衡的风味。某些酒需要时间来卸下艰涩的盔甲，某些则适合趁年轻时享用鲜活的果味，然而唐·培里侬香槟却不受品饮时间的局限，既可年轻饮用，也可熟成后享受。从其浓郁的风味、复杂度与绵长的余韵可知，这款酒是酿来窖藏用的，但它平易近人的个性与如奎宁一般的苦味，也让它相当新鲜易饮。

要解释这款酒极为优雅且喜人的余韵，最直接的方式就是引述酒窖总管里夏尔·若弗鲁瓦的话语。他说，他心目中的唐·培里侬香槟应该具有

"流动性与质地……就像是冲浪选手遇上了完美的浪头一样"。

我想任何品饮唐·培里侬香槟的人都会认为，若弗鲁瓦先生的形容用在法国最令人瞩目的产区所介绍的酒款上，再恰当不过了。

香槟推荐酒单

第 28 杯：无年份香槟

1. 查理·海希克香槟，"天然珍藏"（Charles Heidsieck, 'Réserve Brut'）€€€€
2. 勃林格香槟，"天然特酿"（Bollinger, 'Special Cuvée Brut'）€€€€
3. 库克香槟，"天然特级园特酿"（Krug, 'Grand Cuvée Brut'）€€€€€ +
4. 埃格利-乌力耶香槟，"天然特级酒庄"（Egly-Ouriet, 'Brut Grand Cru'）€€€€
5. 泰庭哲香槟，"前奏特级天然酒庄"（Taittinger, 'Prelude Grand Crus Brut'）€€€€€
6. 拉芒迪-贝尼耶香槟，"韦尔蒂之地，无定量，一级园"
（Larmandier-Bernier, 'Terre de Vertus, Non-Dosé, 1er Cru'）€€€€
7. 皮耶彼得香槟，"极致天然"（Pierre Peters, 'Extra Brut'）€€€€
8. 雅克松香槟，"739 极致天然特酿"（Jacquesson, 'Cuvée 739 Extra Brut'）€€€€
9. 昂西约香槟，"天然领地"（Henriot, 'Souverain Brut'）€€€€
10. 路易王妃香槟，"头道天然"（Louis Roederer, 'Premier Brut'）€€€€

第 29 杯：年份香槟（含近几年年份的年份香槟）

1. 豪爵香槟，"天然" 2008（Pol Roger, 'Brut' 2008）€€€€€
2. 路易王妃香槟，"天然水晶" 2008（Louis Roederer, 'Cristal Brut' 2008）€€€€€ +
3. 德乐梦香槟，"天然布兰克" 2007（Delamotte, 'Blanc de Blancs Brut' 2007）€€€€€
4. 德兹香槟，"天然" 2006（Deutz, 'Brut' 2006）€€€€
5. 菲里博那香槟，"歌瓦斯天然园" 2006（Philipponat, 'Clos des Goisses Brut' 2006）€€€€€ +
6. 堡林爵香槟，非凡之年 2004（Bollinger, 'La Grande Année Brut' 2004）€€€€€ +
7. 布鲁诺·派拉德香槟，"天然布兰克" 2004（Bruno Paillard, 'Blanc de Blancs Brut' 2004）€€€€€
8. 汇雅酒庄，"天然" 2002（Domaine Ruinart, 'Brut' 2002）€€€€€ +
9. 库克香槟，"天然" 2002（Krug, 'Brut' 2002）€€€€€ +
10. 昂西约香槟，"魅力天然特酿" 1996（Henriot, 'Cuvée des Enchanteleurs Brut' 1996）€€€€€ +

卢瓦尔河 The Loire

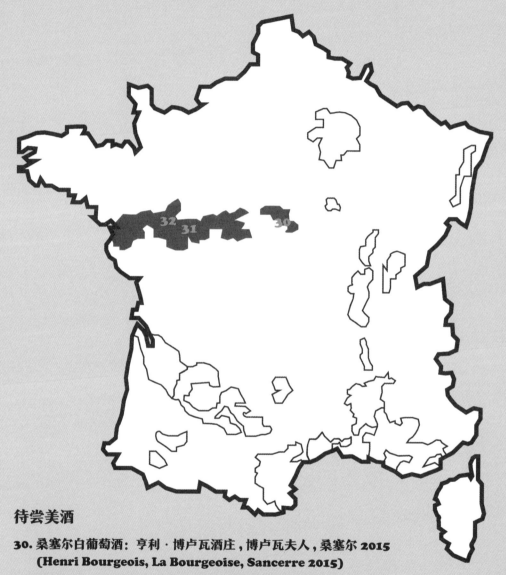

待尝美酒

30. 桑塞尔白葡萄酒：亨利·博卢瓦酒庄，博卢瓦夫人，桑塞尔 2015
    (Henri Bourgeois, La Bourgeoise, Sancerre 2015)

31. 布尔盖伊：山丘酒庄，中坡，布尔盖伊 2014
    (Domaine de la Butte, Mi-Pente, Bourgeuil 2014)

32. 萨维尼耶：埃里克·摩尔加酒庄，费代斯，萨维尼耶 2013
    (Eric Morgat, Fides, Savennières 2013)

对已经在香槟区游览畅饮整个星期后，还想要继续玩乐的旅客而言，近在咫尺又灯火灿烂的巴黎，可以说是下一个相当令人难以抗拒的景点。

但如果你不想前往欧洲十分伟大且光彩夺目的首都之一，不妨放弃西行直接向南，经由法国北部的平坦地区，造访这个国家的心脏地带——卢瓦尔河产区。

卢瓦尔河与流经的产区同名，自中央高地（Massif Central）发迹，一路向西延伸达 1000 千米，最后抵至大西洋。途中会经过各式地理景观，而广泛种植于卢瓦河沿岸的品种所酿出的酒款，可谓全球表现最优异的酒款。

虽然卢瓦尔河的酒款种类与风格多元，这个占地广大的产区依旧深受纬度偏高的地理位置的影响。

这可以说是定义该产区酒款风格明显的原因之一，这里绝大多数酒款都展现出高酸的架构，反映出当地位处北纬 47 度的较冷的气候。

表现最佳的卢瓦尔河酒款多有纯粹的果味和柔软的酒体，风味精准，气质出众，口味总是展现出恰如其分的棱角感。

如果当年份的气候太具挑战性，即太冷或太湿，酒中的草本香气可能会过重，导致酒款尝起来有些贫瘠，缺乏优质年份的酒款所展现的成熟度与肥美口感。

第30杯

20世纪最后十年的初期，即新西兰马尔堡还没成功地向世界展现出自己能酿出全球最香气扑鼻的长相思葡萄酒之前，桑塞尔一直被视为该品种的故乡与归宿。

桑塞尔白葡萄酒：亨利·博卢瓦酒庄，博卢瓦夫人，桑塞尔 2015, €€€

D95 公路

卢瓦尔河

Domaine Henri Bourgeois 酒庄

Df 公路

D183 公路

桑塞尔

D955 公路

长相思源自卢瓦尔河岸，虽然这不表示该产区的苏维农绝对要比其他同样酿有苏维农的产区优秀，但这里最好的酒款始终是全球最好的长相思。

对我们而言，桑塞尔最大的问题，其实是近四十年来因大幅扩充产区，酿出太多风格凛冽、酒体清瘦而口感青涩的酒款，进而削弱了该产区品牌的名声。

这些酒款非但没能展现出带有柑橘香气与咸鲜风味的高酸且紧致的特性，还充满了令人失望的风味。

所幸当地还有少数核心从业者，持续致力于酿造能反映出该产区葡萄浓郁鲜活个性的好酒，正如同我们即将介绍的，由亨利·博卢瓦酒庄（Henri Bourgeois）打造的博卢瓦夫人（La Bourgeoise）白葡萄酒。

Sniff 的品饮笔记

香气扑鼻且芳香，带有浓重的粉红葡萄柚、百香果以及烘烤白桃的香气，另佐以一股荨麻草本香。此外还透出些许女性化的麝香，不费吹灰之力便显得香气怡人。口感极酸，但相当平易近人，因为有大量丰裕的果味加以平衡。另有矿物味和白垩土的调性与些许咸味，风格直接，口感紧致，一路延伸至令人心满意足的余韵。虽然它平易近人，却让人觉得是能继续发展的酒，它目前还相当年轻，有劲道且浓郁度十足，预计未来会发展成风味更多元宽广的酒款。

解析

品饮笔记

长相思大概是所有酿酒葡萄中，最多香又最容易辨认的品种之一。

卢瓦尔河冷凉的气候，让葡萄得以保留品种原有的香气，即草味、荨麻的调性，以及葡萄柚和较异国调性的百香果味。

在较温暖的产区，或当酒农选择稍微延后采收时间，苏维农葡萄原有的风味与香气分子会比较不显著。

举例来说，试试加州纳帕的苏维农单一品种酒吧！当地传统称苏维农白葡萄酒为"白芙美"（Fumé Blanc）。希望你也会喜欢这样的酒款风格，但它的香气肯定不及卢瓦尔河沿岸所产的酒款。

相较于这里介绍的第30杯酒，加州的白芙美理应保有品种的酸度架构，风味则更多带核果味与热带水果的调性，而非前者这种较为青涩或更像柑橘的香气。

179

这款酒内敛的烘烤香气，来自酒款曾有部分在法国橡木桶中发酵与培养，其中一部分为全新桶。

以新桶培养葡萄酒在桑塞尔并不常见，因为多数酿酒业者都倾向保留酒中纯粹的果味，而非让酒接触氧气。

因为他们担心木桶或氧化培养会降低苏维农鲜活的特性，然而对这款酒而言，酒款虽经过木桶培养，却丝毫不减损其来自桑塞尔风土的基本调性。

整体而言，浓郁的香气、多酸的个性以及带有咸味的矿物风格，依旧是这款酒风味的主干，只是又多了点曾于桶中培养所带来的提升了的深度。

这款酒的麝香气息则是另一个品种特性，然而这样的香气浓度非但不令人反感，反而为酒款增添了一股复杂的调性，因此掳获人心。

博卢瓦夫人干白葡萄酒是用酒庄树龄最老的葡萄酿成，想必这是酒款能展现出如此劲道的果味、浓郁度与鲜活调性的主因。

过去的经验告诉我，好年份的博卢瓦夫人（截至 2015 年，近十年最好的年份可能是 2010 年）通常能够继续发展 10 年以上的时间。

因此，如果你有机会到桑塞尔，不妨购入这款酒待日后享用，毕竟市面上没有多少禁得起陈年又可口的苏维农可供收藏。

第31杯

布尔盖伊：山丘酒庄，中坡，布尔盖伊 2014，€€

随着卢瓦尔河由桑塞尔向北走，和缓的河水会引你来到奥尔良（Orléans），这里是驻足享受午餐的好地方。

在那里，卢瓦尔河开始往西与南边延伸成形，并在350千米后汇入大西洋，不过我们没有要跟着河走这么遥远的旅程。

山丘酒庄

D35公路

D135公路

布尔盖伊产区

D63公路

绕着布卢瓦（Blois）外围走，在行经武弗赖（Vouvray）时经过名声响亮的两家酒庄：雨耶酒庄（Huet）与诺丹酒庄（Clos Naudin）之后，又继续开了20分钟的车才来到目的地，即酿造布尔盖伊（Bourgueil）酒款的石灰岩与砾石缓坡产区。

依法规定，布尔盖伊的酒款需要用至少90%的品丽珠酿成，但这是一个令人意见分歧的品种。身为赤霞珠的双亲之一，它理应不需任何介绍，也无须另外解释它的价值。

90%

但在波尔多，品丽珠较为细软的单宁，较不具刺激性的酸度，以及更内敛的香气，反让它成为较不高贵的品种，比不过身为后代的赤霞珠。

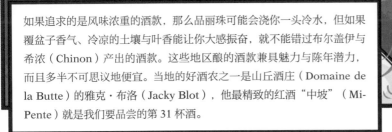

如果追求的是风味浓重的酒款，那么品丽珠可能会浇你一头冷水，但如果覆盆子香气、冷凉的土壤与叶香能让你大感振奋，就不能错过布尔盖伊与希浓（Chinon）产出的酒款。这些地区酿的酒款兼具魅力与陈年潜力，而且多半不可思议地便宜。当地的好酒农之一是山丘酒庄（Domaine de la Butte）的雅克·布洛（Jacky Blot），他最精致的红酒"中坡"（Mi-Pente）就是我们要品尝的第31杯酒。

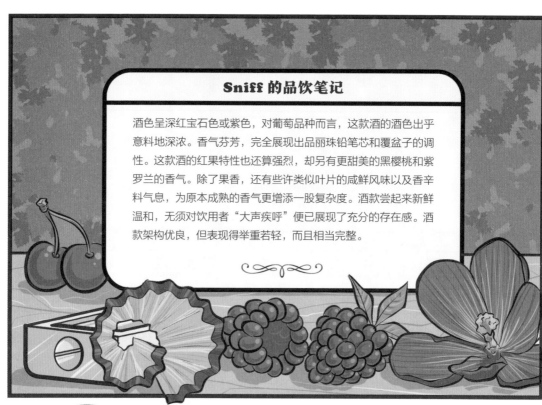

Sniff 的品饮笔记

酒色呈深红宝石色或紫色，对葡萄品种而言，这款酒的酒色出乎意料地深浓。香气芬芳，完全展现出品丽珠铅笔芯和覆盆子的调性。这款酒的红果特性也还算强烈，却另有更甜美的黑樱桃和紫罗兰的香气。除了果香，还有些许类似叶片的咸鲜风味以及香辛料气息，为原本成熟的香气更增添一股复杂度。酒款尝起来新鲜温和，无须对饮用者"大声疾呼"便已展现了充分的存在感。酒款架构优良，但表现得举重若轻，而且相当完整。

解析

品饮笔记

品丽珠也许果实小、果色深，但以该品种酿成的酒，鲜少会展现如这款酒一般深浓的酒色。

相比赤霞珠，品丽珠在卢瓦尔河之所以较受欢迎，不只因为它较早发芽，更重要的是它也较早成熟。

由于卢瓦尔河气候偏冷，品丽珠早熟的特性使其在采收期时，较有机会达到良好的成熟度，酿出优质好酒的概率也因此较高。

话虽这么说，但以酿造红酒的气候而言，卢瓦尔河毕竟是属于较为边缘性的气候。酿酒人如果想让葡萄更成熟，势必要控制葡萄园产量，才有机会使葡萄树将光合作用的精力用来使为数较少的果串成熟。

一般产量

控制过的产量

雅克·布洛便是以在山丘酒庄的葡萄园施行低产量种植而远近闻名（以这款酒而言，每10000平方米仅有1500至2000升）。

用来酿造这款"中坡"红酒的葡萄，产量本身不需限制便已不高，部分原因是，这些都是超过60年树龄的老藤葡萄树，产量有限。

60 年树龄

而布洛又通过剪枝来抑制葡萄在短枝上发芽的数量。此外，葡萄园坐落于中坡朝南的朝向，这更有助于果实获得大量的阳光以利于成熟。这些全都是酿成酒款色深浓郁的原因。

品尝品丽珠时，最常听到的品饮词汇莫过于铅笔芯与红莓果香，但经由以上条件所获得的额外成熟度，则有助于这款酒展现出更多甜美的樱桃调性。

身为一个非常古老的品种，品丽珠有许多后代，最有名气者莫过于之前讨论过的赤霞珠。此外，它也是佳美娜（Carmenère）的双亲之一。

品丽珠

赤霞珠

佳美娜

这三个品种都带有草本、青绿味、叶味的调性，这是因为它们的果实都含有极高的甲氧基吡嗪（methoxypyrazines）。

当葡萄不成熟时，酿成的酒款可能会有这类青涩风味，这令人想起青豆或番石榴，虽然这些味道几乎不可能全然消失（果真如此岂不略嫌无趣），有时也会转为树叶味或内敛的草本香气。

1/3

JFMAMJJASONDJFMAMJ

培养这款酒的木桶约有近三分之一是全新橡木桶，酒款于桶中熟成 18 个月之久，也难怪酿成的酒款展现出明显的香辛料气息。

这款酒的质地相当吸引人，单宁细致，酸度优良清爽，但两者都不过度，不如赤霞珠来得强烈。

这是一款颇具深度却又非常亲民易饮的酒。此外，大量的香气复杂度与平衡的架构，更显示了其能够窖藏 10 年或以上的潜力，对于有耐心的饮用者，这无疑是一款能够从中获得回报的美酒。

最后一款卢瓦尔河沿岸地区的可口美酒，是来自昂热（Angers）以南的小产区萨维尼耶（Savennières），除了热爱葡萄酒的消费者及葡萄酒专家，外界多无所闻。

第32杯

萨维尼耶：埃里克·摩尔加酒庄，费代斯，萨维尼耶 2013, €€€€

萨维尼耶面积极小，全区仅1.45 平方千米，但面积小可不曾阻挡埃米塔基（第15 杯酒）成为世界经典，那么是什么使得萨维尼耶的知名度受阻?

萨维尼耶可以说是法国伟大葡萄酒产区与村庄的终年配角，这大概显示了消费者有多么不信任这类"低调"且需要深入了解的白葡萄酒。

昂热

N323 公路

卢瓦尔河

埃里克·摩尔加酒庄

D160 公路

就算这里的酒是由长相思较不普及的姐妹白诗南（Chenin Blanc）酿成也无济于事；虽然这种品种带有蜂蜡与苹果香，风格独特，却没有"性急"的长相思那颇具"侵略性"的个性。

以风格来说，萨维尼耶的酒款有一点儿"脏"（这肯定无法为该产区加分），因为这类酒款大多有湿羊毛味与些许微弱的麝香味，特别是 1980 年与 1990 年装瓶的酒。但如今的萨维尼耶"干净"了不少，而且精力充沛，展现出锐利的酸度以及相当程度的分量，其力道之强足以使一些饮用者感到不知所措。

不管品种或酒色为何，萨维尼耶无疑是全球顶级的干型白诗南的家乡，也是全球最令人惊艳且引人入胜的美酒之乡。

Sniff 的品饮笔记

香气明显，令人想到榅桲果酱、黄苹果与乳脂，另有土壤调性的烟熏矿物风格。矿物风格似乎反映出这款萨维尼耶葡萄的片岩（火山）土壤的热度。酒款质地宽广，酸度优良，既能冲刷味蕾，又能引导酒中风味持续至余韵，久久不散去。不同于该产区较常见到的"健壮"酒体，这款酒酒体中等偏轻，但整体感觉以高雅的土壤调性为主，另掺杂有一丝奇妙的风味，令人不禁反复闻香和品尝，是一款平易近人又能引人深品的美酒。

虽然与雷司令、苏维农、琼瑶浆，或麝香葡萄等芳香品种相比，白诗南是个较不芳香的品种，但种植在萨维尼耶的白诗南可鲜少走害羞路线。

这款酒所展现的成熟黄色果味，是全世界各地的白诗南都有的明显特性，但酒款中持续不断的烟熏味则较不寻常。

我们很难确定这烟熏味从何而来。高质量的霞多丽酒中常有类似的火柴调性，它多半源自酒中的硫化物。

这瓶萨维尼耶还有些许岩石风味，宛如酒款在装瓶前是从一层层岩缝中涌现一般。

这款酒的分量之宽广，部分原因来自庄主埃里克（Eric）在这小庄酿酒时所做的选择。

他让酒款于木桶中发酵并培养达 1 年，接着将酒转移至不锈钢桶槽内，也就是酒款与酵母渣培养的时间总共长达 2 年的时间。

FIDÈS

2013

ericmorgat
vigneron

如同我们在之前许多杯酒款发现，这样的酿酒方式有助于增添葡萄酒的绵密程度，也会为酿成的酒款带来更多分量与丰裕的个性。

187

这款酒使用的部分葡萄来源是埃里克的葡萄园皮埃尔·贝施莱尔（La Pierre Bécherelle），它最惊人之处莫过于准确地反映了这种气候现象。这块葡萄园位处丘陵地，葡萄位置之低直逼河岸。

以上所有讨论过的因素，都解释了萨维尼耶的酒款如此丰裕、劲道十足且酒体饱满的成因，那么，为什么我们品尝的这杯酒却仅有中量级的酒体呢？

这么说吧，不管地块怎么理想，有时候老天爷就是有办法在生长季作梗，阻止葡萄园和酿酒人表现出最好的一面。

对萨维尼耶甚至绝大多数卢瓦尔河产区而言，2013 年就是这样的年份，这也显现在酒中，使得卢瓦尔河的这最后一杯酒尝起来要比平常少了点架构。

身为消费者，这表示我们可以在这款酒的中、短期内开瓶享用，如果是好一点儿的年份，则可能要等到约 5 年后或更久，待酒款的棱角软化，香气绽放后才会适饮。

如果你想找耐放的酒，即可以窖藏达 10 年不等的酒款，不妨选择更近一点儿的年份，如 2015 年就是个潜力无限的年份。

卢瓦尔河推荐酒单

第30杯：卢瓦尔河的中央谷地，
包括桑塞尔、普宜菲美（Pouilly Fumé）与
蒙内都沙隆（Menetou-Salon）的长相思

1. 瓦榭容酒庄，（桑塞尔）[Domaine Vacheron, (Sancerre)] €€€
2. 文畔酒庄，"富罗蕊特酿"，（桑塞尔）[Vincent Pinard, 'Cuvée Flores', (Sancerre)] €€
3. 让·何维尔蒂酒庄，"白王后"，（桑塞尔）[Jean Reverdy, 'La Reine Blanche', (Sancerre)] €€
4. 德拉波特酒庄，"燧石"，（桑塞尔）[Domaine Delaporte, 'Silex', (Sancerre)] €€
5. 皮埃尔院长父子酒庄，"杰赫博酒庄"，（桑塞尔）
[Pierre Prieur et Fils, 'Les Monts Damnés', (Sancerre)] €€
6. 帕斯卡·若利韦酒庄，"野性"，（桑塞尔）[Pascal Jolivet, 'Sauvage', (Sancerre)] €€€
7. 马松-布隆德莱酒庄，"帕拉迪园酒庄"，（普宜菲美）
[Domaine Masson-Blondelet, 'Clos du Château Paladi', (Pouilly-Fumé)] €€
8. 迪蒂耶·戴根诺，"燧石"，（普宜菲美）[Didier Dageneau, 'Silex', (Pouilly-Fumé)] €€€€ +
9. 佩里酒庄，"莫罗盖"，（蒙内都沙隆）[Domaine Pellé, 'Morogues', (Menetou-Salon)] €€
10. 香帕朗酒庄"，（蒙内都沙隆）[Domaine de Champarlan, (Menetou-Salon)] €

第31杯：都兰（Touraine）与索姆（Saumur）的品丽珠，
包括布尔盖伊红酒、布尔盖伊·圣·尼古拉（St. Nicholas de Bourgueil）、
索姆·香皮涅（Saumur·Champigny）

1. 弗雷德里克·马毕洛，"寻根"，（布尔盖伊）[Frédéric Mabileau, 'Racines', (Bourgueil)] €€
2. 舍瓦勒里酒庄，"卡力榭"，（布尔盖伊）[Domaine de la Chevalerie, 'Galichets', (Bourgueil)] €€
3. 拉梅·丹尼斯勒·博卡尔，"老藤"，（布尔盖伊）[Lamé Delisle Boucard, 'Vieilles Vignes', (Bourgueil)] €€
4. 松树酒庄，"老藤"，（布尔盖伊）[Domaine Les Pins, 'Vieilles Vignes', (Bourgueil)] €€
5. 帕斯卡·洛里酒庄，"艾格尼斯·索雷尔"，（圣-尼古拉-布尔盖伊）
[Pascal Lorieux, 'Agnès Sorel' (Saint-Nicolas-de-Bourgueil)] €€
6. 奥利维酒庄，（圣-尼古拉-布尔盖伊）[Domaine Olivier, (Saint-Nicolas-de-Bourgueil)] €€
7. 查理·卓歌酒庄，"迪欧特瑞庄"，（希浓）[Charles Joguet, 'Clos de la Dioterie' (Chinon)] €€€
8. 贝尔纳·博迪酒庄，"克幽园"，（希浓）[Bernard Baudry, 'Le Clos Guillot' (Chinon)] €€€
9. 诺贝莱酒庄，"尚尚"，（希浓）[Domaine de la Noblaie, 'Les Chiens Chiens' (Chinon)] €€
10. 新城酒庄，"大庄园"，（索姆·香皮涅）
[Château de Villeneuve, 'Le Grand Clos', (Saumur Champigny)] €€€
11. 费里阿特罗，（索姆·香皮涅）[Domaine Filliatreau, (Saumur Champigny)] €€

第32杯：萨维尼耶

1. 贝吉利酒庄，"格朗博佩欧庄园"（Domaine de la Bergerie, 'Clos le Grand Beauprèau'）€€
2. 帕特里克·博杜安酒庄（Patrick Baudouin）€€€
3. 克罗塞尔酒庄，"蝴蝶庄园"（Domaine du Closel, 'Clos du Papillon'）€€€
4. 德阿尔克酒庄（Domaine des Deux Arcs）€€
5. 达米安·洛娄庄园，"漂亮活儿"（Damien Laureau, 'Le Bel Ouvrage'）€€€€

科西嘉 Corsica

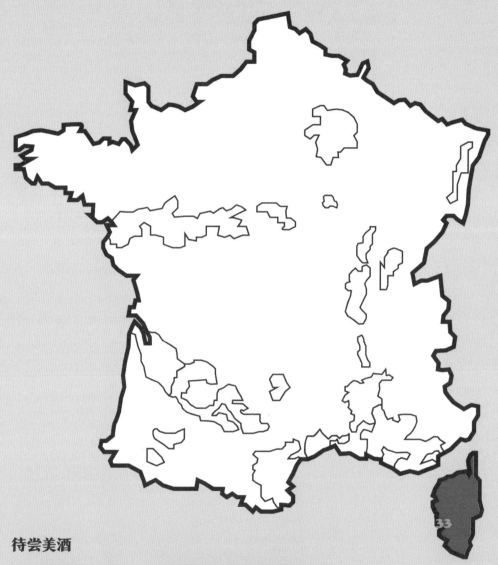

待尝美酒

33. 阿雅克肖（红酒）：瓦切利酒庄，阿雅克肖红酒 2013
   (Domaine de Vacelli, Ajaccio Rouge 2013)

第 33 杯也是本书的最后一杯酒，将带我们离开寒冷的卢瓦尔河，回到温暖的地中海产区。这里是地中海南部，也是法国人口中的"美丽之岛"（Ile de Beauté）——科西嘉。

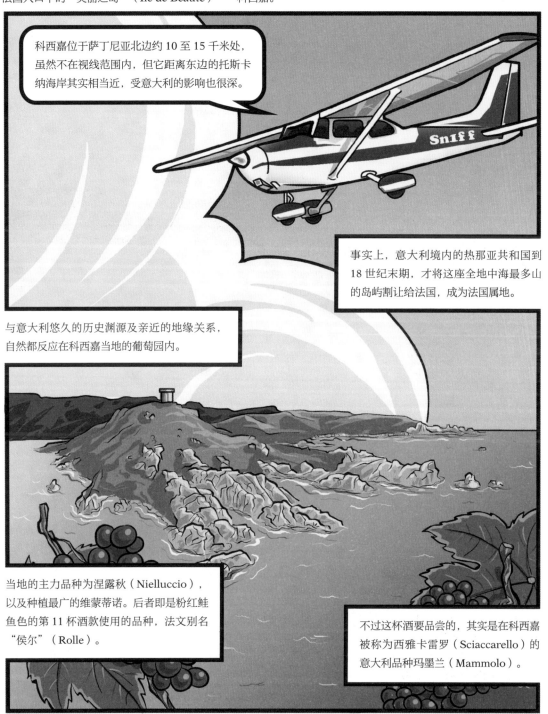

这个品种为什么值得作为最后一款酒的品种呢？因为无论西雅卡雷罗或科西嘉岛都与意大利渊源极深，足以为下一本系列著作铺路。没错，就是继《33 杯尽品法国葡萄酒精髓》之后的《36 杯尽品意大利葡萄酒精髓》！

第33杯

史上最有名的科西嘉人（其实就是我们说的法国人）莫过于拿破仑，而孕育这款酒的花岗岩葡萄园所在之处，正是这位传奇谋略家、军事领袖的家乡，即科西嘉首府。

阿雅克肖（红酒）：瓦切利酒庄，阿雅克肖红酒 2013, €€

西雅卡雷罗也许源自意大利，但这个古老的品种在家乡托斯卡纳其实已经不再受宠。

只需看意大利葡萄园内多以独具草本香气的桑娇维塞（Sangiovese）为主，就知道当地酒农偏好这个性鲜明且偶尔带质朴调性的品种，远胜过玛墨兰（即西雅卡雷罗），这也使得后者的商业价值逐渐消失。

但若因此忽视西雅卡雷罗可是大错特错。这个品种的诸多特质能使其酿出与平庸无关的酒款，证据就在我们接下来的品饮笔记中。

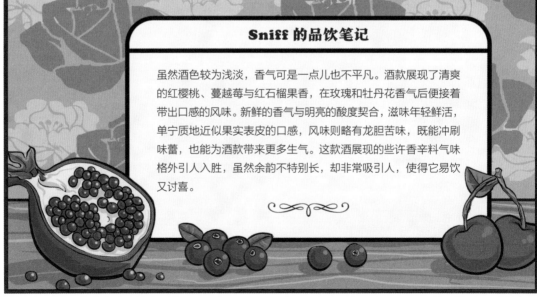

Sniff 的品饮笔记

虽然酒色较为浅淡，香气可是一点儿也不平凡。酒款展现了清爽的红樱桃、蔓越莓与红石榴果香，在玫瑰和牡丹花香气后便接着带出口感的风味。新鲜的香气与明亮的酸度契合，滋味年轻鲜活，单宁质地近似果实表皮的口感，风味则略有龙胆苦味，既能冲刷味蕾，也能为酒款带来更多生气。这款酒展现的些许香辛料气味格外引人入胜，虽然余韵不特别长，却非常吸引人，使得它易饮又讨喜。

西雅卡雷罗的花青素含量较低，因此酿成的酒款通常呈现较浅淡的红宝石色。

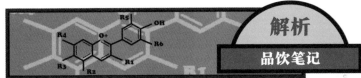

解析

品饮笔记

不管是托斯卡纳的玛墨兰或科西嘉的西雅卡雷罗，只需看这个品种名的词源，就不难理解它的香气与风味为何。

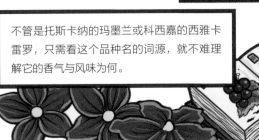

在由三"J"（Jancis Robinson、Julia Harding 与 José Vouillamoz）合著的大作《葡萄品种》（Wine Grapes）中曾提到，"Mammolo"一词源自"Viola mammola"，即意大利文的香董菜或甜紫罗兰。

这杯酒款也确实反映了这种香气的花果调性。同样地，西雅卡雷罗（有"爽口的"之意）清爽新鲜的个性也展现在这款酒中。

西雅卡雷罗在阿雅克肖（Ajaccio）与周边产区之所以成功，主要在于当地土壤相当适合它的生长。

如同我们在第 14 杯教皇新堡的红酒中所见，沙质土壤非常适合该品种。这类土质似乎有助于加强并提升它的香气，使酿成的酒款更加优雅，并展现出质地较厚重的土壤所无法培育出的程度。

加上酒庄专注于酿出具有架构的酒款，通常让葡萄先经 4 周浸渍期再熟成，无非是为了保留酒中的第一层果味，使酒款展现出如果实表皮般的单宁质地及鲜活的滋味。

浸渍　　　　　　　　　　熟成

由于这是本书最后一款酒，势必要尝起来可口怡人，还必须有足够亲民的价位。

酒款的余韵同样表现不俗，如同放在耳边的音叉，顶级的酒款总是缭绕许久不绝于耳（口），而表现不佳的酒款则早已悄然无声。

这款酒是以瓦切利酒庄（Vaccelli）表现最佳的葡萄酿成［酒庄的"花岗岩"（Granit）与"罗杰·古海兹"（Roger Courrèges）系列］，成品虽然较缺乏深度，却展现出怡人的纯净滋味。

科西嘉推荐酒单

第 33 杯：阿雅克肖（红酒）

1. 科姆特·佩拉迪酒庄（Domaine Comte Peraldi）€€
2. 欧纳斯卡园，"斯特拉特酿"（Clos Ornasca, 'Cuvèe Stella'）€€
3. 阿巴图斯酒庄，"福斯汀特酿"（Domaine Comte Abbatucci, 'Cuvée Faustine'）€€€
4. 尤斯蒂齐努酒庄，"安提卡"（Domaine U Stiliccionu, 'Antica'）€€€

专有词汇

我们已经尽可能以文字和漫画来解释文中所遇到的专有名词，因此这章的篇幅并不长。

贵腐霉（Botrytis）

全名为"*Botrytis cinerea*"，是一种使葡萄染上灰霉（Grey Rot）或得灰霉病（Botrytis Bunch Rot），造成葡萄广大损害的有害霉菌。然而如果葡萄在对的时间与对的地点染霉（如苏玳和巴萨克产区），则会提升成为贵腐霉（Nobel Rot），它有助于使葡萄脱水，集中果实内的风味与糖分。

克里玛（Climat）

克里玛一词最常出现于勃艮第产区，用以形容一处特定地区的葡萄园或一块葡萄园内的特定区块，因其范围内的风土条件或地理环境有别于他处而值得注意。

落果（Coulure）

因缺乏足够的醣分或气候不佳（多风、过冷或过于潮湿）导致开花状况不良，进而造成落果以及坐果不良。落果即果实从果串上落下，代表产量会大幅降低，诸如歌海娜等特定品种尤其容易落果。

优质葡萄园或优质产区／酒庄（Cru）

指一块经过质量认证的葡萄园。英文常译为"growth"，因此，在英文中一级园或特级园便写作"first growth"或"great growth"。这个词也可以用来指称葡萄酒村庄，如博若莱北部的花坊特级村庄，或是罗纳河产区内的埃米塔基与教皇新堡产区。

特酿（Cuvée）

这是个容易引起误会的词。它有许多意义，但本书指的是酒庄特别酿造的批次酒款。这个词常在酒标上标示为"Cuvée Speciale"，虽然没有官方认证的质量意义，但常用来指酒庄特别装瓶或酿造的酒款。

发酵（Fermentation）

指酵母在无氧环境中将糖分转化为酒精（或更准确地说，乙醇），并代谢出二氧化碳的过程。

地中海灌木（Garrigue）

多用于南法（特别是朗格多克），指当地沿岸平原内生长旺盛的灌木丛，但这也特别用来指当地贫瘠的石灰岩土壤。

留地（Lieu-dit）

通常用来指称特定地块的传统或当地名称。勃艮第有数不清的留地，其名称在酒标上常在村庄名之后出现，如摩姆酒庄（Domaine Maume）的巴率德（En Pallud）留地酒款，就位于热夫雷-香贝丹村庄内。

乳酸转化或乳酸发酵（Malolactic Conversion or Malolactic Fermentation）

这是酒中乳酸菌将较强烈、较酸涩的苹果酸（Malic acid）转化为较柔和的乳酸（Lactic acid）的过程，常在酒精发酵完成后接着进行（有时也会与酒精发酵同时发生）。

甲氧基吡嗪（Methoxypyrazines）

简单来说，这是我们在酒中找到的草本香气与风味的化合物。异丁基-甲氧基吡嗪（Isobutyl-Methoxypyrazine）与赤霞珠和品丽珠中常见的青椒风味有关。

土壤学（Pedology）

研究土壤的学科。

雨影（Rain Shadow）

位于山脉背风坡的干燥地区。山脉阻挡了向风坡的气候系统，使得潮湿的空气上升至山顶，最终凝结成雨而降下，而山的另一面（背风坡）则维持干燥的气候。最明显的例子要属阿尔萨斯地区。

硫化物（Sulphides）

以化学的角度来说，硫化物即"硫与氢或金属分子的化合物，其中硫原子是以最还原的状态呈现，即在化合物中从其他化学元素中获得两个电子。"[出自《2013年牛津葡萄酒辞典》（*The Oxford Companion to Wine 2013*）]。以品饮的角度来说，"还原"的硫（当该元素与氢或其他元素结合时）会带来类似腐败鸡蛋或烧橡胶等风味，或是如土壤等其他令人不太能接受的气味。只需使用滗酒瓶或让杯中酒款与氧气稍做接触，这种气味便会消散。

托卡伊（Tokaj）

匈牙利的葡萄酒产区，以美丽且复杂的甜酒而闻名。托卡伊甜酒是用染上贵腐霉的弗明（Furmint）与哈斯莱威路葡萄（Harslevelu）酿成。

酒农（Vigneron）

法语中指专门种植酿酒葡萄的农夫。他们也负责用自己种植的葡萄酿酒。

参考书目

关于葡萄酒的好书数也数不清，但伟大的葡萄酒书则为数不多。以下这份书单中的葡萄酒书，是我几乎每周都会查阅的好书。

Wine Grapes

Robinson, J., Harding, J. and Vouillamoz, J., 2013. Wine Grapes: A Complete Guide to 1368 Vine Varieties, Including Their Origins and Flavours. Penguin UK.

The Oxford Companion to Wine

Robinson, J. and Harding, J. eds., 2015. The Oxford Companion to Wine. Oxford University Press.

《世界葡萄酒地图》（*The World Atlas of Wine*）

Johnson, H. and Robinson, J., 2013. The World Atlas of Wine 7th Edition. Mitchell Beazeley, London.

Postmodern Winemaking

Smith, C., 2013. Postmodern Winemaking: Rethinking the Modern Science of an Ancient Craft. Univ of California Press.

Essential Winetasting

Schuster, M., 2017. Essential Winetasting: The Complete Practical Winetasting Course. Mitchell Beazley, London.

The Grapevine

Iland, P., Dry, P., Proffitt, T. and Tyerman, S. (2011). The Grapevine: From the Science to the Practice of Growing Vines for Wine. Adelaide: Patrick Iland Wine Promotions

Wine Science

Goode, J., 2014. Wine Science: The Application of Science in Winemaking. Mitchell Beazley, London.

《查理与巧克力工厂》（*Charlie and the Chocolate Factory*）

Dahl, R., 1964. Charlie and the Chocolate Factory. George Allen & Unwin, London.

撰写品饮笔记

我知道有一些读者可能不想记录品饮心得，或记录造访酒庄时曾开来品尝的酒款；但其他读者可能不这么想，因此我们随书附上品饮笔记表和简单的品饮指南，列出你可能会特别想要记录的葡萄酒信息。品饮笔记扮演的角色就像是简单的备忘录，仅是为了提醒我们喜欢或不喜欢特定酒款的原因，因此请使用对自己有意义且能够表达自己感受的语言来记录。如果你试图仿照其他人写作品饮笔记的模式，或单纯只给一个分数了事，那么等你回到家想重温这些记录时，对酒款的记忆自然会不太清晰。

为此，我以最后这款科西嘉瓦切利酒庄的酒款为例，誊写一份简单的品饮笔记。这是较为随性、个人的写法，请各位读者原谅这简洁的风格，我的目的是想要表达记录品饮笔记其实很简单，毕竟我们是在品饮葡萄酒，而不是在制作火箭。

你会发现，我们整理的品饮笔记表格中，最后列出了 B、L、I、C 几个字母缩写的字段，以便让你记录自己的结论。这些字母首分别代表了平衡（Balance）、长度（Length）、浓郁度（Intensity）以及复杂度（Complexity）。

虽然 BLIC 这方法看似有些僵硬，却是评价一款酒非常有效的指标。如果你曾在英国葡萄酒与烈酒教育基金会（Wine and Spirit Educational Trust，即 WSET）机构学习，那么你对于 BLIC 可能不陌生，其实际之处在于使用方便，事实上 WSET 甚至建议以此作为评论酒款质量的核对项目。如果四个条件都符合，表示酒款质量卓越，符合三个条件则酒款质量出色，只符合两个条件，则该款酒质量属佳，但如果只有一个条件符合，则表示这款酒质量仅属平庸。很明显地，评断这些条件的方式有些主观，但你可以依据自己的经验来评断，让它成为非常个人但能有效评估任何葡萄酒的工具。只要稍加练习，你会发现自己"正确"地评量葡萄酒的功力会与日俱增，并能够依据这些条件给出特定酒款正面的评价，即便它们可能不符合你的味蕾。

以第 33 杯酒为例，我在酒款的平衡度这栏给了满分 1 分，长度与浓郁度仅 0.5 分，至于复杂度则有 0.75 分，因此这款酒总分 2.75，是接近质量出色的葡萄酒。

Tasting Note 品饮酒名：瓦切利酒庄

First Impressions 第一印象：

色泽中等偏浅，带有香气、矿物（？），以及大量清爽的红色果香（樱桃、蔓越莓、石榴），还有如牡丹与玫瑰等红花调性。另外，这有点让我想到歌海娜与马斯卡斯奈莱洛（*Nerello Mascalese*）品种的葡萄。

Taste 品饮：

怕人！清爽，清新的酸度，单宁如果实般的质地，有些许香料味（是酒精的灼热感还是特定品种的天生香料气息？）。

Conclusion 结论：

我喜欢。你可以感受到成熟度与产区的温暖度，但又有酸度加以平衡，使得酒款不至于太扁平，还因此增添了优雅的个性。另有怕人的单宁质地，使果味不至于太浓烈，因此能提升主较有架构的比例。这表示这款酒很平衡（*Balanced*）。虽然余韵风味的长度（*Length*）仅中等，但这杯酒的余韵给人正面的印象，即酒中没有其他会降低这可口风味印象的元素。果味与风味的集中程度皆令人满意，使酒款展现出浓郁度（*Intensity*），以及综合有香气、果实感、矿物与香辛料的个性，这使酒款展现出些许复杂度（*Complexity*），虽然不至于到特别优异，但也在平均水平之上，而且以这款酒平实的价格而言，算是非常物有所值。（注：看起来很多文字，但我的目的是希望能让各位知道我的思考过程，否则通常会写得比这少很多。）

B		L		I		C		Total	
1		0.5		0.5		0.75		2.75	

鸣谢

马克

我最想感谢的，自然是在我所有共事过的伙伴中人最好的迈克尔，
他的创意、热情及友情，就如同本书所介绍的每一款美酒一样丰富。
我也要感谢妻子克里斯特（Chrysta）愿意花时间评论我的作品，
而不只是简单地说句"很好啊"，然后就此带过。
她对我的信心，让我更加谦卑。
最后也是最重要的，我想感谢让这些葡萄酒能够跃然于书页之中的所有酿酒业者们。没
有他们的辛勤努力，我就不可能因此受启发而写下他们努力的成果。
谢谢你们为生活增添的美味。

迈克尔

致黛西（Daisy），谢谢你让这成为可能。
致马克，谢谢你让这成真。

关于作者

葡萄酒大师马克·派格（Mark Pygott MW）

自 2002 年起投身葡萄酒业，最初于英国一家酒庄任职，而后搬到南法朗格多克产区，继续锻炼酿酒技艺。2004 年，他回到英国成立葡萄酒进口与经销公司，专注于不太"经典"的世界葡萄酒产区，如朗格多克、卢瓦尔河、坎帕尼亚以及加利西亚等。2012 年他将公司资产出售后搬到台北，并于期间成为定居中国台湾地区的第一位葡萄酒大师（Master of Wine，简称 MW）。马克如今在英国和东亚地区来回奔走，涉足多项专业计划，包括评酒、担任酒展评审、从事葡萄酒教学和写作，并为各个国家和产区的酿酒企业举办各式讲座。

迈克尔·欧尼尔（Michael O'Neill）

迈克尔原为平面设计师，之后转为老师，于英国教授艺术与设计（Art and Design Technology）。他目前定居印度浦那（Pune）。他持续投身教育，同时也担任艺术组织和艺展顾问，协助设计展场，并拥有多家企业客户。迈克尔与葡萄酒的渊源和一般葡萄酒消费者相去不远，他不曾接受过任何专业葡萄酒训练或教育背景，只知道自己喜欢的酒款风味为何种。正是这点，让他的作品尤其亲切且浅显易懂，因为他的画作没有任何预设立场，也没有任何富有经验的葡萄酒专家口中常见的教条或陈词滥调。

图书在版编目(CIP)数据

33杯尽品法国葡萄酒精髓：大师教你掌握产区风土、酿酒风格与品鉴技巧 ／（英）马克·派格（Mark Pygott MW）著；（英）迈克尔·欧尼尔（Michael O'Neill）绘；潘芸芝译.—武汉：华中科技大学出版社，2019.6
　ISBN 978-7-5680-5188-0

Ⅰ.①3… Ⅱ.①马… ②迈… ③潘… Ⅲ.①葡萄酒-介绍-法国 Ⅳ.①TS262.6

中国版本图书馆CIP数据核字(2019)第088754号

原書名：33杯酒嘗遍法國：法國葡萄酒的田野指南
作者：馬克·派格
本書由 積木出版事業部（城邦文化事業（股）公司）正式授權

本作品简体中文版由积木出版事业部（城邦文化事业（股）公司）授权华中科技大学出版社有限责任公司在中华人民共和国境内（但不包括香港、澳门和台湾地区）出版、发行。
湖北省版权局著作权合同登记　图字：17-2019-018号

33杯尽品法国葡萄酒精髓：
大师教你掌握产区风土、酿酒风格与品鉴技巧
Sanshisan Bei Jin Pin Faguo Putaojiu Jingsui
Dashi Jiao Ni Zhangwo Chanqu Fengtu Niangjiu Fengge yu Pinjian Jiqiao

［英］马克·派格（Mark Pygott MW）　著
［英］迈克尔·欧尼尔（Michael O'Neill）　绘
潘芸芝　译

出版发行：	华中科技大学出版社（中国·武汉）	电话：	(027) 81321913
	北京有书至美文化传媒有限公司		(010) 67326910-6023
出 版 人：	阮海洪	邮编：	430223

责任编辑：	莽　昱　谭晰月
责任监印：	徐　露　郑红红　　封面设计：　锦绣艺彩·苗洁

制　　作：	北京博逸文化传播有限公司
印　　刷：	联城印刷（北京）有限公司
开　　本：	720mm×1020mm　1/16
印　　张：	13
字　　数：	78千字
版　　次：	2019年6月第1版第1次印刷
定　　价：	79.80元